现代厨政管理与创新研究

主　编　麦国梁　龙建强　郭元增

副主编　卓美强　吴天荣　张　颖

吉林出版集团股份有限公司

全国百佳图书出版单位

图书在版编目（CIP）数据

现代厨政管理与创新研究 / 麦国梁，龙建强，郭元
增主编 . -- 长春 : 吉林出版集团股份有限公司 , 2023.3
ISBN 978-7-5731-3160-7

Ⅰ.①现… Ⅱ.①麦… ②龙… ③郭… Ⅲ.①饮食业
—厨房—商业管理—研究 Ⅳ.① TS972.26 ② F719.3

中国国家版本馆 CIP 数据核字 (2023) 第 056892 号

现代厨政管理与创新研究

XIANDAI CHUZHENG GUANLI YU CHUANGXIN YANJIU

主　　编　麦国梁　龙建强　郭元增
责任编辑　关锡汉
封面设计　李　伟
开　　本　710mm×1000mm　　　1/16
字　　数　224 千
印　　张　12.5
版　　次　2023 年 9 月第 1 版
印　　次　2023 年 9 月第 1 次印刷
印　　刷　天津和萱印刷有限公司

出　　版　吉林出版集团股份有限公司
发　　行　吉林出版集团股份有限公司
地　　址　吉林省长春市福祉大路 5788 号
邮　　编　130000
电　　话　0431-81629968
邮　　箱　11915286@qq.com
书　　号　ISBN 978-7-5731-3160-7
定　　价　72.00 元

前 言

　　厨政管理是一门专业知识，也是一项专业技术。厨政管理学的升华是理论支持实践，实践引证理论，这绝非一般人想象的那样简单。厨政管理学由管理学、市场学、财务管理与分析学、菜单学、人事管理学与行政管理学等几大类不同的相关学科构成，各学科的有精髓之处，不可或缺少。高等职业教育已成为今后一个时期高等教育事业大力发展的重点，它将发展为一种培养应用型人才的教育制度和教育形式。实施人才强国战略，加快人事制度改革是中国加入世界贸易组织之后为适应新形势的要求而明确提出的一项重大的国家战略，是继"控制人口数量、提高人口素质"和"科教兴国"之后提出的又一项新的国策。人才尤其是专业人才，是今后社会需求的热门，也是高职院校培养的重点。厨政管理学课程就是从培养专业人才入手，在原餐饮管理课程中，把生产环节这一特殊的部分独立出来，培养行业上最需要的专业人才。

　　全书共分为六个章节，第一章为厨政管理组织体系，包括厨政管理的概念与目标要求、厨政管理机构设置与职能介绍、厨政管理组织原则与建构技巧。第二章为厨政绩效管理运作，第一节厨政绩效管理体系设计，第二节厨政绩效管理指标拟定，第三节厨政绩效管理制度划分。第三章从三个方面介绍了厨政进存环节管理内容，包括采购工作与厨政管理、验收工作与厨政管理、原料处置与厨政管理。第四章为厨政生产环节管理，分别从产品质量管理、生产成本控制、卫生安全管理这三个方面进行阐述。第五章为厨政营销策划管理，包括三个方面的内容，营销与餐饮消费行为分析、广告营销宣传活动策划、厨政职业道德规范。本书第六章为基于中餐厨政管理的创新研究，分别从中餐厨政管理现状与发展趋势、中餐厨房运作特点与要素、中餐厨房菜品创新管理、中餐厨房生产线创新管理这四个方面进行阐述。

在撰写本书的过程中，作者得到了许多专家学者的帮助和指导，参考了大量学术文献，在此表示真诚的感谢。本书内容系统全面，论述条理清晰、深入浅出，但由于作者水平有限，书中难免会有疏漏之处，希望广大同行及时指正。

作者

2022 年 9 月

第一章 厨政管理组织体系

厨政管理是厨房行政管理的简称。本章为厨政管理组织体系，分别从厨政管理的概念与目标要求、厨政管理机构设置与职能介绍、厨政管理组织原则与建构技巧这三个方面进行详细阐述。

第一节 厨政管理的概念与目标要求

一、厨政管理概念介绍

（一）厨政管理的产生背景

一直以来，厨房都是最容易被人遗忘的地方，藏匿于饭店的地下室或餐馆的某一角落，闷热、潮湿。在那里，厨工们由于工作环境的影响往往过早衰老。然而，厨房也会是一个有空调、通风设备，秩序井然的食品加工场所，由经过专门训练并富有同情心的人进行良好的管理；它是个一尘不染的不锈钢世界，里面有大型洗碗机、各种自动烹调设备。那是一个值得人们尊敬的地方，在那里工作是一大乐事。以上这两种不同的描述可以说都是正确的。

厨房的历史反映了各个时期的社会历史，反映了当时社会对厨师及其劳动所持的态度。近年来，每当有大饭店开业，会聘请全部厨师和厨工。厨师长是饭店与厨房工作人员的联系枢纽，常常掌握着手下人的命运。饭店经理如果和厨师长发生了争端，那也许就意味着饭店将失去厨房的所有工作人员，而且厨师长几乎就会把他们离开饭店的时间定在饭店有重要宴会的节骨眼上。厨师长的社会地位随着时代的变迁而浮沉。厨房其他人员的情况也是如此，他们的地位在很大程度上取决于劳动力的供给情况以及厨房的等级。

一些高级厨师已经获得很高的声誉，他们之所以能获得这些声誉，在很大程度上是由于他们的技术或他们所服务的机构。历史上千百万的厨师、厨工几乎都已被人遗忘。过去，厨房的管理人员往往是从那些在工作中掌握了技术的人群中选拔出来的。而近年来，随着我国对高等职业教育、专业教育的重视，从职业学校或者饭店与餐饮管理学院的毕业生中选拔人才已是众多餐饮企业的首选。

但是，这个行业多年来形成的"惯性"，目前仍有许多值得大众关注的地方。业界对于生产环节的管理的重视程度越来越高。厨政管理正是在这个历史时期提出的新的概念。

（二）厨政管理的定义

厨房是生产、加工食品的场所。在计划经济时代，经营者更多地将重点集中在菜肴、点心的制作上，强调个体操作者的技能和水平，而缺少对厨房资源的合理组织和安排。食堂者在选择厨房的负责人时，大多以技能和名气的高低作为重要参考，而忽视了管理者的理论知识和协调能力。由于多数餐饮企业员工间是以"师与徒"的关系来维系的，一旦管理不善，就容易造成厨房"帮派争斗"，加之管理者缺少对底层员工的尊重，使员工工作效率低下，士气低落。尽管注重名菜、名点的开发和推广使许多名店、老店相继声名显赫，取得了很大的社会效益，但随着市场经济的到来，部分老店落后的管理模式不能给饭店带来更多的经济效益，纷纷退出历史的舞台，取而代之的是一些具有现代化管理模式的酒店、饭店及社会餐饮企业。它们之所以能够抢占餐饮市场，除了使用先进的管理方法外，强调以人为本的管理理念也是关键。

在实践中，人们常常可以看到，采用同样一种管理模式的不同厨房会出现截然不同的管理效果。对此，许多人疑惑不解，这是为什么呢？如果只从表面上看，诸如厨房的规模、设备、产品、制度等没有什么不同之处，但通过深层次剖析就会发现，诸如员工的思想、情感、士气、作风和领导风格等内在因素均有所不同。为此，餐饮企业的经营一定要具备 21 世纪现代厨政管理的思想。

第一，逐渐从务实管理转变为虚实结合管理。尽管厨房的各种制度、纪律、组织结构、生产程序等十分重要，但对厨房人员的士气、员工素质、团队精神、领导作用等方面的管理更加重要。

第二，逐步摆脱现有的以物为中心，转变为以人为中心，最终实现系统管理。餐饮行业是一种劳动密集型的行业，较之其他行业，厨房中对人的管理更为重要。

第三，逐步以经营管理为重点，最终实现以资本管理、知识管理、信息管理为重点。满足需求、创造需求、一切以顾客满意为目的，已成为厨政管理的重点。在现代厨房中，单靠几个菜点打天下的日子一去不复返了。餐饮产品需要"吆喝"，需要整合营销，需要带有更多的附加值，去满足顾客的消费需求。

厨政管理是厨房行政管理的简称，能够更好地实现餐饮企业经营的最佳目标，是一项综合性的工作，其主要工作内容就是制订相关计划并通过组织、管理等手段，对厨房内部的人员与资源进行协调处理，最终实现高效运作。为提交厨政管理效果就需要管理到位，而要实现这一目的，就需要厨政管理者利用自己所拥有的权力、知识、能力、品德等对下属产生影响。

厨政管理的基本工作就是对餐饮企业中的生产环节进行全方位、全过程的管理，以便能够将其中涉及的各种人员与资源进行科学且合理的有效整合，最终为餐饮企业创造出理想的效益。厨政管理目标是通过厨政管理活动力求实现理想境界。管理者明确了厨政管理目标，就能把握餐饮管理的主要脉络，在工作中不仅可以少走弯路，而且可以通过各种积极、有效的手段，创造出更加出色的效果。

厨政管理就是要用足、用活餐饮企业的既有资源，适时、科学地整合各类相关资源，使其产生更大效益。比如，合理布局设备流程，充分提高设备利用率；积极搜集信息资源，设计提供有针对性的个性化服务，从而锁定顾客，扩大销售额并提高客人满意度；通过食品原料的有机调节、综合利用，创造成本有效控制下的更大利润等。伴随着社会的飞速发展，现阶段的人们对美食提出更高要求，而这也就逐步凸显了厨政管理的重要性。厨政管理者应当重视产品质量的提升，并追求产品成本的降低，积极提高生产效率，以便能够更好地适应现阶段激烈的市场竞争，最终确保餐饮投资者能够利润最大化。

二、厨政管理的目标与要求

（一）厨政管理的目标

1. 实现餐饮企业中生产资源的最佳配置

正视并全面认识和把握餐饮企业拥有的资源，并科学、合理地对各种资源进行有效整合，从而达到最佳配置，这是厨政管理长期追求并要努力实现的目标之一。美国饭店管理专家杰克·D. 奈米尔博士（Jack D. Ninemier）总结出餐饮管理人员可以使用的资源主要有人、资金、时间、能源、产品、设备、程序等。厨政管理的确是一个资源涉及面广、业务运作环节多且复杂的行业。餐饮企业不仅拥有企业内部资源，还拥有企业外部资源；不仅拥有有形资源，还拥有无形资源。对餐饮企业中生产环节的管理（厨政管理）至关重要的资源主要包括人力资源、物质资源、财务资金资源等。

（1）人力资源

人力资源主要是指劳动密集型行业的厨房中拥有数量众多的员工，拥有不同工种、不同层次、掌握不同技艺的厨师、工程维护和修理技术人员，还拥有进存环节的采购与保管人员等。

（2）物质资源

物质资源主要包括厨房设备设施、建筑空间和场地等。设施设备主要包括烹调加热设备、空调冷暖设备、办公设备等；厨房设备设施大多先进、配套，使用方便，美观大方；厨房的场地、空间环境可大可小，可分可合，布置要简洁、实用，对其要求很高。

（3）财务资金资源

餐饮企业步入正常经营运转之后，资金流量大，周转快。有些经营业务量大、生意红火的餐饮企业在原料采购上具有买方优势，供货商积极参与，竞争报价，饭店从中受益，有的供货商甚至出资赞助餐饮企业活动。餐饮企业顾客消费多为现金结账，资金回笼快捷。这些资金资源如果用于企业营销、公关策划、投资运作，则可以为企业创造更加丰厚的回报。

2. 为顾客提供优质、周到的服务

餐饮管理的基本任务，是要不断提高、巩固出品和服务质量，创造更高的顾客满意度。

（1）提供优质出品

厨房生产的产品、酒吧调制的酒水等有形实物的餐饮出品，实际是解决餐饮消费者基本功能性需求的产品。因此，对食品质量要进行严格、有效的管理。餐饮管理最本质的目标就是为顾客提供满足感官享受的、高品质的、有营养的产品。

（2）提供优质周到的服务，需要前后配合

服务的优劣体现在顾客的满意程度上。服务满意度越高，回头率越高，证明餐饮企业的服务及时、周到、品质优良。服务品质的侧面是餐饮管理水平的展现；服务品质的背后是餐饮服务管理体系的支撑，更体现了餐厅管理与厨政管理之间有机、高效的配合。因此，要保持持久、优质、顾客满意度高的服务，坚持厨政管理的长效机制是必不可少的。厨房生产和餐饮服务在餐饮企业中是两个相对独立的阵营，也是两大拥有不同技艺的工种，这两大部分大多情况下分别由不同的管理人员督导管理。顾客的追求是餐饮企业应努力实现和提供的，是餐饮有形产品与无形产品的有机组合与和谐统一。餐饮企业应切实提供给消费者完美、便利、周到的服务，使顾客在用餐的全过程中都能获得完整、舒适、丰富、有意义的就餐感受。因此，这方面的协调管理自然是餐饮管理的重要目标之一。

3. 为企业创造持续、理想的经济效益

如果餐饮投资方向正确，市场定位准确，产品受欢迎程度较高，其投资的回报率就比较高，投资的回报速度也比较快。餐饮的经营业绩、经济收益虽然与生产、经营场地和时间有比较紧密的联系，但是经营管理手段先进、方法高超、效果明显，则其经营收入、经济效益也是可以有明显突破的。比如，在提高出品和服务质量的前提下，行之有效的营销能提高餐厅上座率和翻台率，提高客人的人均消费额，增加产品外卖量等，使餐饮企业经营达到经济效益上不封顶的效果。厨政管理就是要针对餐饮规模、性质，将各方面的有利资源进行科学且合理的分配与应用，以便能够为餐饮企业创造出理想的经济效益。

4. 倡导饮食文明，弘扬发展餐饮事业

饮食文明伴随着人类历史的发展和认识水平的提高而不断进化，丰富其内涵，提高其文明程度。在当今社会，从事厨政管理，理应在继承传统饮食文明的基础上，不断推陈出新，为丰富、发展餐饮事业再作贡献。

（1）发掘整理历史资料，继承饮食优良传统

传统饮食文明是人类历史文化的积淀，也是人类的宝贵财富。厨政管理的从业人员应以严肃认真、勤勉务实的精神，一方面发掘、整理传统饮食文化；另一方面保持传统风貌，继承巩固传统饮食文化。人们发掘、整理传统饮食文化时，可以利用历史典籍、考古发现寻找线索，搜集、整理相关资料，在此基础上加以研究、仿制，并将产品推向市场。比如，北京仿膳饭庄向历史书籍要菜，到北京故宫寻找线索，开发研制新品；南京金陵饭店研究清代袁枚所著《随园食单》，在此基础上制作出随园菜肴；扬州根据古典名著《红楼梦》整理、开发红楼宴菜点等，这些都是发掘、整理传统饮食文化的有力举措。

在发掘传统饮食文化、研制传统古典菜肴的同时，人们更应采取积极、有效、科学、细致的态度，将有古典意义、有历史渊源、有可靠出处的传统菜点加以整理、精心制作，努力保持其原汁原味的原始风貌，以传承技艺。

（2）积极稳妥地开发创新，丰富充实饮食文化内涵

今天的饮食文明源自于历史的积淀，未来的饮食文明同样需要今天的充实。厨政管理应在继承传统的基础上，不断给饮食文明注入新的内容。

①鼓励创新，丰富饮食文化内涵。厨政管理应以行之有效的政策激励、引导从业人员以科学、认真、进取的态度，不断推陈出新、创造新品。只有新品不时涌现，才有精品的出类拔萃。

②提炼精品，等待时间和市场的经久考验，铸就优秀饮食文化，充实传统经典饮食文化。在创新的基础上，产品经过大浪淘沙，由诞生到成熟，并不断升华、升值，直至成为广受欢迎的经典品种，优秀产品将会载入史册、流芳百世。

（3）加强交流研讨，宣传弘扬优秀传统饮食文化

无论是传承传统饮食文化精品，还是创新、发展饮食文化内涵，都离不开宣传和推广。因此，积极开展不同层次、广泛持久的饮食文化的交流、研讨，不仅对提升饮食文化内涵、品位有直接意义，同时还能扩大饮食文化的影响和覆盖面，进而引起更加广阔范围的文化拉动效应。厨政管理者实际上是饮食文化最直接、最具有说服力和影响力的倡导者、实践者和推广者，他们通过身体力行、积极有益的推广，能够普及饮食文化，带动餐饮消费的进一步发展，为餐饮企业扩大市场、扩大销售起到相辅相成的作用。

（二）厨政管理的要求

1.配备合格的生产人员，设置合理的组织机构

厨房生产离不开技术高超的厨师，厨房管理离不开适合这个群体的组织形式。生产方式与完成任务的能力主要受厨房人员、组织机构的影响，而且它们还会直接影响工作的效率、产品的质量、信息的沟通、职责的履行等。为了更好地落实厨房中的所有工作，方便进行管理，厨政管理者需要先设置出合理的厨房组织架构，并对厨房中各个岗位、工种的职能进行明确划分，以确保所有员工都能够明确自己的岗位与职责，清楚划分不同部门的生产范围，并确定协调关系。

2.制定明确的生产规范

生产规范指的是厨房在生产过程当中所要遵守的种种程序、规格、标准、要求。相关规范能够有效约束员工的行动，确保产品的标准统一，最终成功解决产品质量不稳定的问题。

（1）制定操作步骤规范

厨房生产程序主要包括：厨房加工、洗涤程序；水产、肉类等原料切割程序；干货原料涨发程序；原料活养、收藏程序；上浆、挂糊程序；开餐前准备程序；开餐出品程序；餐后收尾程序等等。

（2）统一生产规格

为了更好地统一厨房生产产品过程中的用料、分量、色泽、形象以及其他质量要求，就需要制定出合理、合规的加工与生产的规格标准，从而保证产品的一致性。相关规格标准包括：原料加工切割规格、菜点配份用料规格、烹调调味用料规格、装盘出品规格等。

3.提供高质量的生产条件

如果要保证厨房进行正常且有序的生产活动，就必须保证不管是购进原料还是售出产品都拥有一定的条件。而正是这些条件的存在，员工才能够更加专心地投入到生产工作当中。

①在进行原料的采购的时候，需要确保采购的渠道足够顺畅，货源要有足够的保障，不可存在质量上的问题，价格也要保证合理。

②在进行厨房设计的时候，需要保证布局合理。厨房内部的生产操作和出品流程需要确保通畅、便利。与生产规模相匹配的厨房设备与相关工具在品种和规

格上需要确保全面，在操作上要具备便利性，厨房在通风和排水的问题上需要确保及时、高效。

③在进行厨房产品的服务销售的时候，应当确保与生产进行紧密的衔接，确保产品的高质量和产出的及时性。

4. 建设高水平的厨师队伍

提高厨房人员的普遍素质，使之胜任所在岗位的各项工作，并通过各种管理规章制度健全厨师队伍，有效提升厨房工作的效率与产出产品的质量。

①培训、培养一支技术过硬、责任心强的厨师队伍是企业可持续发展的必由之路。老一辈责任心很强的厨艺传人，现在大多成为厨房的顾问；大量从事第一线生产制作的是一代新人，他们是厨房的生力军和未来的希望。然而，年轻人既有充满活力、敢想敢干的一面，同时又有干事毛躁、只凭借兴趣干活的不利的一面。因此要通过各种方式、渠道，培养造就一批既有技术又富有责任感的厨师队伍。

②保持厨师技术骨干的稳定性是企业保持竞争优势的根本。对于维持正常的生产秩序并确保产品产出的质量来说，厨师队伍的稳定十分重要，其中最需要注意的就是厨房内部的各个岗位技术骨干的相对稳定。但是，需要注意的是，近年来餐饮业飞速发展，行业内部的厨师流动率明显上升。要保持厨师队伍铁板一块、一成不变既不可能也没必要，但并不是厨师流动的越多对饭店厨房越有利。厨师流动率低的优点在于以下几点：一是可以在一定程度上减少征聘和挑选厨房员工的费用；二是可以减少迎新活动与对新员工进行培训的费用；三是在员工熟悉工作阶段的工作质量及其他方面的问题可以减少；四是减少员工短缺，紧急顶替、加班等可减少，确保员工拥有饱满的工作状态；五是熟练员工操作，降低事故发生率，减少保险费用；六是稳定产品质量，提高竞争优势。

厨师的流动、跳槽和改行，除了共性的需求没有得到满足外，以下两点也是不可忽视的重要因素：其一，在薪酬方面，因为厨房人员的薪资需要与企业内部的工资水准保持一致，所以会失去在人才市场上的竞争力；其二，厨师很难拥有足够的升迁机会，这就导致很多厨房人员、技术骨干转而投向行政体系当中，以便能够获得足够的升迁机会和较高的社会地位。

第二节　厨政管理机构设置与职能介绍

一、厨政管理机构设置

（一）厨政管理机构设置原则

管理风格、隶属关系、经营方式和品种几乎一样的饭店或餐饮企业的厨房的机构是基本相似的，比如必胜客、大娘水饺连锁店等。绝大部分饭店的厨房机构是大相径庭的，这是因为各饭店的经营风味、经营方式和管理体系是不尽相同的。正因为如此，不同饭店在确立厨房机构时不应生搬硬套，而是要在力求遵循机构设置原则的基础上，充分考虑自己的特色。

1. 以满负荷生产为中心的原则

在充分分析厨房作业流程、统观管理工作任务的前提下，应当基于厨房的满负荷生产以及各部门承担着足够的工作量来进行组织层级与岗位的设置。在确定机构的设立之后，应当对各个工种、岗位劳动量进行审核计算，以实现定编定员，确保不会出现尸位素餐的情况，保证组织的精炼与高效。

2. 权力和责任相当的原则

值得注意的是，在厨房的组织机构当中，每一个层级都有着属于自己的责权。所以说，管理者必然需要树立起权威，为保证职责的切实履行，需要为不同的职位赋予对应的职务权力，而相应的权力也承担着对应的责任，应当明确权责，确保责任到人，避免出现无人负责的情况。一些高技术、贡献大的重要岗位，比如厨师长、头炉等，在承担菜肴开发创新、成本控制等重要任务的同时，应该有与之相对应的权力和利益所得。

3. 管理跨度适当的原则

管理跨度指的是一个管理者能够直接进行指挥并控制的下属的人数。一般情况下，对于一个管理者来说，管理跨度应当为3~6人。主要有以下几种因素能够对厨房生产管理跨度大小产生影响。

（1）层次因素

应当确保厨房管理的层次与整个饭店保持一致，不应出现过多的层次。而且，厨房组织机构的上层，创造性思维较多，以启发、激励管理为主，管理跨度可略小；在基层、管理者的工作，以指导、带领员工操作为主，管理跨度可适当增大，一般可达 10 人。中、小规模厨房切忌模仿大型厨房设置行政总厨之类。机构层次越多，工作效率越低，差错率越高，内耗越大，人力成本也就会居高不下。中、小规模厨房机构的正规化程度不宜太高，否则管理成本也会无端增大。

（2）作业形式因素

厨房人员在工作的时候，集中作业要比分散作业拥有更大的管理跨度。

（3）能力因素

如果管理者拥有较强的工作能力，下属拥有较强的自律能力且技术熟练稳定、综合素质高，那么管理者就可以有较大的跨度；反之，跨度就要小些。

4.分工协作的原则

烹饪生产是由多个工种、岗位以及各种技艺进行协调配合之后进行的，若是其中某一个环节出现不协调的情况就会影响整个厨房的生产。所以说，厨房内部的各个部门应当重点强调自律和责任心，不断提高自己的业务技能。除此之外，还需要培训一专多能，强调谅解、合作与补台。值得注意的是，在生产繁忙的时候，各位员工更需要发挥团结协作的精神。

（二）厨政管理机构设置划分

1.下属管理部门

厨房的生产运作是厨房各岗位、各工种通力协作的过程。厨房在接收原料之后，会对原料进行加工、配份、烹调等处理，之后将成品放在备餐间，以确保能够进行传菜销售。所以说，在厨房当中，各工种、各岗位都承担着不可或缺的重要职能。

（1）加工部门

原料进入厨房之后所接触到的第一生产岗位，加工部门的主要工作就是将各种原料进行处理，即初加工；其中，对于各种干货原料的胀发、洗涤、处理等也属于初加工。需要注意的是，现代的厨房更为重视厨房加工的职能并对其进行了强化，所以这一部门在原料进行初加工的基础之上还承担着对原料进行刀工切割处理，并做预制浆腌的工作，我们也将这一步骤称为深加工或是精加工。这样，在整个厨房生产过程中，刀工处理基本在加工部门就得以完成。由于加工部门工作量增大，而且对配份、烹调部门有着基础、长远的影响，所以，加工部门又被称为加工厨房，甚至被称为主厨房或中心厨房。

在连锁、集团饭店或餐饮企业中，加工部门的职能还要扩大一些，如在对一些原料进行加工处理之后，还需要按照相关的规格要求进行真空包装，以便能够更好地被运送到各个连锁销售点当中，使得烹调和销售更加方便。因此，有些连锁店、集团饭店或餐饮企业需在加工厨房的基础上，建立（加工）配送中心，或称为切配中心。

（2）配菜部门

配菜部门也常常被称为砧墩或案板切配，该部门的主要工作是将已经加工过的原料按照相关要求进行主料、配料、料头的组合配份。由于这里使用的原料都是净料，而且直接影响着每道菜、每种原料的投放数量，于是就涉及原料成本控制问题，因此配菜部门很关键。

有些生产量不大的厨房的配菜部门又称为切配部门，即加工部门只负责对各种原料进行初步加工、洗涤、整理，而该部门负责对各种原料进行切割、浆腌等刀工处理、精细加工以及配菜。值得注意的是，这一部门在整个生产链条中承担着加工与炉灶烹调的衔接作用。

（3）炉灶部门

对于炉灶部门来说，只要是需要经过烹调之后才能够食用的热菜都需要其负责。炉灶部门的主要工作就是将各种已经配置完成的组合原料进行加热、调味等工作，从而制作出符合风味的、合格的成品。炉灶部门能够影响成品菜的色、香、味、质地、温度等，在开餐期间的工作最为繁忙，也会在很大程度对出品质量、秩序产生影响。

（4）冷菜部门

冷菜部门主要负责冷菜的刀工处理、腌制、烹调、改刀和装盘工作。冷菜和热菜的制作、切配程序不完全一致。冷菜大多先烹调后配份、装盘，它的生产、制作与切配、装盘是分开进行的。进行冷菜制作的场所应当确保较高的卫生标准、低温且经过杀菌处理。由于地域、饮食习惯和文化上的差异，有些消费者更喜欢食用烧烤、卤水菜肴或色拉等品种，这些菜品通常多作为类似冷菜功能的前菜或开胃菜出品。

（5）点心部门

点心部门的主要工作是进行点心的制作和供应。中餐的广式点心部门主要工作是制作和供应茶市小吃，有些点心部门还负责制作甜品、炒面类食品。除此之外，西餐的点心部门也被称为包饼房，其主要工作是供应各种面包、蛋糕、甜品等。

2.下属管理人员

（1）行政总厨（总厨师长）

行政总厨的主要工作是确保整个厨房的组织、指挥和运转，还需要开发特色的菜品吸引顾客。另外，行政总厨还应控制食品成本，确保实现饭店的最佳社会效益并获得较高的利润。行政总厨的工作主要包括以下几点：

①对厨房的工作进行组织与指挥，并重点关注菜品的质量，确保能够按照规定的成本产出符合要求的产品。

②根据不同职位员工的工作情况以及餐厅的营业情况，编制出合适的工作时间表，开展考勤考核工作，直接负责对下属工作表现的评估。

③根据饭店的总体工作安排，组织并计划实施厨房员工的工作考核与评估，并及时对相关人员日后发展进行相应规划。

④监督厨房管理人员对相关设备与用具的科学管理，并审定厨房设备用具的更换及添置的计划，还需要审定厨房内部各个部门的各种计划、相关规章制度以及工作程序与标准等。

⑤对中、西厨房的工作以及厨房与其他的部门之间的关系进行协调，及时依据不同的厨师所拥有的不同的业务能力和技术专长进行合理安排。

（2）加工厨房厨师长

其管理内容主要包括：对中、西加工厨房的组织管理工作进行全面负责，确保能够及时为各个烹调厨房提供需要的烹饪原料。

具体包括以下几点：

①确保加工原料的质量符合标准；依据当前的客情和菜单要求，及时协调安排加工厨房各岗位人员的工作。

②检查、督导并领导员工依据规格要求进行各类原料的加工，确保相关原料能够得到及时的加工并获得符合要求的成品。

③负责检查下属的仪表仪容，确保各个岗位严格遵守卫生标准。

④对加工厨房的员工进行考核与评估，协助总厨师长确定奖惩措施。

⑤督导相关员工对各种加工的设备进行检查与维护，并及时为相关设备的维修、保养或者添置提出切实可行的意见与建议。

⑥制订出面向加工厨房员工的培训计划并安排实施。

分管人员为加工厨房领班。

（3）中餐厨师长

其管理内容主要包括：协助总厨师长开展工作，全面负责中厨房零点菜点的生产管理工作，领导相关员工进行菜点生产制作的工作，确保能够向宾客及时提供合适的产品。

具体来说，主要包括以下几点：

①协助总厨师长开展零点厨房的组织管理工作。

②对零点厨房的生产进行合理的安排，确保各岗位都按照相应的操作规范进行生产。

③督导各员工按照工作标准履行工作职责，负责高规格与重要客人的菜点烹制，带头遵守各项生产规格标准的要求。

④对零点厨房各班组的工作进行协调处理，负责下属的考勤考核工作，依据相关人员的工作表现，向总厨师长提出对应的奖惩建议。

⑤督导零点厨房各岗位搞好环境和个人卫生，严防发生食物中毒事故。

分管人员为中餐炉灶领班、中餐切配领班、中餐冷菜领班和中餐点心领班。

（4）宴会厨师长

其管理内容主要包括：在总厨师长的领导之下，主持宴会厨房的日常生产和管理工作；协助中厨师长安排宴会的菜单并组织生产，向宾客提供优质宴会菜点，以便能够创造出最佳的效益。

具体包括以下几点：

①安排宴会厨房的生产计划，监督各班组宴会菜点的生产和出品工作，确保宴会的顺利开餐。

②负责制订不同规格宴会标准菜单，对于不同的客源进行临时或者特殊客情的宴会菜单的制订。

③制订并督导执行宴会菜肴规格，负责菜点制作过程中的质量控制工作，确保出品符合规格质量标准。

④根据宴会需要完成的工作对员工进行工作安排，以确保菜品的质量与速度能够得到保证与控制。

⑤负责对下属进行相应的业务指导，积极组织各种技术培训，对下属进行工作的评估，负责向上级提出相应的奖惩建议。

⑥负责督导员工做好其所属范围内的工具、设备以及相关设施的正确使用、清洁与维护保养的工作，确保所有员工都能做好工作区域内部的清洁卫生的工作。

分管人员为宴会厨房领班、宴会炉灶厨师和宴会切配厨师。

（5）西餐厨师长

其管理内容主要包括：帮助总厨师长更好地开展西厨房的生产管理工作，领导员工进行菜肴生产与包饼制作的工作，确保出品的产品质量符合标准。

具体包括以下几点：

①帮助总厨师长更好地进行西厨房人员及生产的组织管理工作。

②在总厨师长的要求之下，进行年度培训与促销等工作计划的制订。

③对咖啡厅厨房及西厨房人员的调配和班次进行计划安排。

④依据不同的厨师的技艺特长与平时的工作表现，合理安排员工的工作岗位，对下属进行相应的考核与评估。

⑤负责指导西餐厨房领班工作，协调好班组之间的工作，及时处理工作中出现的问题。

⑥负责西餐厨房员工培训计划的制订和实施。

⑦确保所有员工能够严格落实卫生标准，严防出现食物中毒的情况。

⑧参加餐饮部门有关会议，贯彻会议精神，不断改进与完善西餐生产和管理工作。

分管人员为西厨领班、西餐炉灶厨师、西厨切配厨师、冻房厨师、包饼房领班和包饼师。

二、厨政管理的基本职能

（一）生产风格化产品职能

伴随着近年来市场经济的飞速发展，各餐饮企业之间的竞争变得越来越激烈。对于消费者来说，餐饮消费的选择更加多样，而且顾客给予的评价也促使各餐饮企业获得更大的影响力，这就使得现阶段的各餐饮企业为寻求更大的发展空间，必然要获得舆论上的支持，争取顾客的信任。

现代餐饮企业若想获得良好的口碑，就要注重品牌。对于消费者来说，品牌的存在是其能够识别同类产品的重要依据，而且品牌也是市场经济高度发达之后的产物。餐饮企业品牌的培养主要通过相关经营活动实现，而餐饮企业若想获得良好的品牌，就必然需要建立良好的企业形象，并为顾客提供风格化的产品和优质服务。

对于一个餐饮企业及其旗下的产品来说，只有树立起良好的形象，并培养出良好的信誉，才能够获得最为优质的原料供应、最优秀的合作伙伴和最有效的销售网络，最终获得更多的投资并招揽更多的人才，有效扩大顾客群。

在通常情况下，我们所说的餐饮的风格化产品体现在较为明显的特色和个性上。对于一个餐饮企业来说，若要建立品牌，最开始应当生产出具有风格化的产品。而且，餐饮企业利用优秀的出账管理，能够促使餐饮的风格化产品在一段时间之内保持并不断提高质量，在获得顾客的广泛认可之后，就能够为餐饮企业不断开拓市场，并为之后树立良好的品牌奠定基础。一般而言，风格化产品有着以下几种特征：

1. 创新的菜点品种

餐饮企业应根据经营宗旨并对市场的变化进行调研，通过对传统的烹饪手段进行继承和发扬，学习国内各种菜式的优点，创作出独具特色的菜式，以便能够为顾客留下深刻的印象。

2. 高质量的菜点品种

对于餐饮企业来说，风格化的菜点若要生存就必然需要追求质量。这里的高质量属于风格化菜点的内在属性，具体来说就是指高质量的原料、稳定的品质，除此之外还需要保持营养、健康、卫生等。

（二）供应保障职能

菜点的供应和出品是厨政管理的最为基本的职能，主要表现为能够根据餐饮企业的经营计划以及餐厅的前厅订餐数量和品种等，确保在每天以及每个时期的餐厅当中都会有足够数量和品种的菜品，按照相应的指标进行供应。作为餐厅的生产加工中心，厨房的首要任务是对菜点进行生产与加工，只有在确保菜点能够充分供应的前提之下，才能够对其进行质量与风格化等各个方面的制作，由此才能够确保在餐厅与顾客之间建立起连接的桥梁，最终实现餐厅的经营计划。一般而言，我们所指的供应保障包含以下两个基本内容：

1. 菜点品种供应保障

为了吸引更多的顾客，餐饮企业就需要保证顾客在进行餐饮消费的时候拥有更多的选择，从而促使餐饮企业占据更多的市场份额。所以说，餐饮企业在进行菜谱的设计的时候，对于品种的数量与种类的选择就是十分重要的事情。一旦确定了菜谱，厨房就应当保证按照菜谱的标注及时制作出合格的所有菜品，以避免顾客在点第一个菜之后面临无菜可点的窘境。餐厅为获得顾客的信任，首先需要确保自己能够及时且完整地供应菜品。生产中心的主要任务就是生产、加工菜点，只有具备足够的生产加工菜点的能力，才能够真正实现盈利。

2. 菜点数量供应保障

餐厅要想通过餐饮经营获得利润，就只能通过售卖一份又一份的菜点、饮品，积少成多。在确定经营规模之后，餐厅就需要确保自己拥有与之匹配的厨房生产能力，才能够有效避免出现生产能力难以满足顾客需求的情况，这会使得顾客逐渐失去对餐厅的信任。

（三）品质保障职能

品质保障职能主要是指厨政管理者所拥有的能够根据餐厅菜点与相关原料卫生品质标准所行使的卫生、质量品质控制的职能。在确保厨房能够完美供应的前提下，厨政管理者应当对其提供的所有菜点进行相应的品质保障。

具体来说，菜点的品质主要包括：一是应当为顾客提供卫生合格、质量合格且健康营养的餐点；二是菜点应当确保色、香、味、形俱佳；三是菜点在温度与质地上应当保证适口，以确保顾客能够满足。值得注意的是，对于菜点来说，最为重要的就是品质，品质的高低能够在很大程度上反映出厨房的生产水平以及厨师的技术水平。菜点的形态、质地、风味等因素都会对顾客产生影响，一般会影响该顾客是否会成为回头客，严重的甚至会影响餐厅的声誉和形象。所以说，厨政管理的主要任务就是对整个厨房的生产进行严格的质量控制，并建立起一套行之有效的菜点品质管理标准，以便能够切实保障之后的菜点生产的品质。

一般而言，企业品牌最为核心的一项内容就是产品品质。对于我们来说，西式快餐最大的魅力就是没有意外的"惊奇"。简单来说，在消费者去肯德基或者麦当劳用餐的时候，不管何时、何地，每个门店都能够确保主要经营的品种品位保持一致，且全球一致，这就是品质保障。

（四）成本控制职能

厨政管理者应当依据餐厅成本核算和成本控制制度对实际成本进行有效控制，以便能够降低消耗，同时提高效率。不管是怎样的餐厅，以及出售何种菜点，对于管理者来说，如果想要长久经营，就必须要赚钱。而如果要赚钱，就必然要进行相应的成本控制。对于一些大型的餐饮企业来说，员工众多且组织庞大，如果没有一个较好的管理，就很难有效控制相关成本，最终也很可能会因经营不善而出现亏本的情况。

对于一家餐厅菜点的定价来说，成本的高低对其具有直接的影响作用。而对于餐饮企业来说，价格优势是其诸多竞争优势当中最为重要的一种影响因素。在现阶段，餐饮企业的竞争越来越激烈，为了保证生存，对于经营或菜点的成本控制等，管理者都需要重点关注。

厨政管理行使成本控制职能有利于提高餐厅的竞争力，有利于保护顾客利益，也有利于提高厨政管理水平。

（五）菜品研发职能

菜品研发职能指的是厨政管理者根据餐饮企业的战略开发规划，并在详细了解餐厅的菜点经营情况以及对市场的客户进行调查之后所行使的新型菜品研究开发的职能。人对于美食美味的追求永无止境，所以，对于餐饮企业来说，如果想保持旺盛的生命力，就必然要不断进行菜品的创新，从而保持对顾客的吸引力。厨房应当不断进行新菜点的创新研究，并根据餐饮企业所制定的战略规划定期推出相应的菜点，不断地进行改进与完善，有效提升产品形象，使顾客获得新鲜感与美味的享受。

（六）厨师培训职能

一般而言，厨师培训职能具体是指厨政管理者依据现有的餐饮企业的经营发展计划，以及其主要负责厨师培训工作，而行使的人才培育的职能。

初始培训，主要包括以下四个方面的内容，分别为职业态度（attitude）、职业知识（knowledge）、职业技术（skill）、职业习惯（habit）。对于所有厨师来说，职业态度与职业习惯都是他们需要掌握的，但是职业知识与职业技术对不同的厨师会存在不同的要求。

连锁扩张计划是指餐饮企业形成规模经营，最终占据更多的市场份额。而在这一过程当中，餐饮企业会对厨师有着更大的需求量，而此时，对于新厨师的培训就显得十分重要。

培训能够促使厨师领悟餐饮企业的经营宗旨，并掌握相应的菜品风格与菜点创作的思路，最终更好地融入企业，更好地发扬企业的精神与文化。但是，需要注意的是，在培训过程当中，应当确保能够积极开阔厨师的眼界，提高其相应的职业道德水平，有效加强并提升相关人员的业务能力，培养其爱岗敬业的责任心，使其能够获得归属感与成就感。

第三节　厨政管理组织原则与建构技巧

一、厨政管理组织机构设置原则

在进行餐饮组织建构的时候，管理者常常会面临以下四个方面的问题，在这一组织当中应当存在什么样的地位，组织当中的哪些部分应当分隔开，哪些部分应当结合在一起，各个不同的部分应当有着怎样的规模并以什么样的形式存在，不同的单位之间存在怎样的合理配置以及怎样的管理关系？要解决这些问题，就要涉及下面谈到的建构原则。

（一）功能部门化

关于前三个问题，可用功能部门化原则解释。根据厨房的运作规律和程序，按照不同的功能和职权划分不同的部门，这就是功能部门化。

在这方面，以往的厨房组织提供了很好的模式，如加工部、烹调部、点心部、冷菜部等，这些众所周知的部门就是根据实际功能而部门化的，要以一定的标准来确定部门的规模、形式和关系。

现代的厨房组织基本上是按照这个模式来建构的，如果说有不同的话，那只表现在各部门的专业分工更明显、更细致而已。所以，在组织建构中，要设置相应的部门专司其职。现代厨房组织建构总的趋向是功能的分工更加专业化。

（二）垂直指挥链

垂直指挥链是指组织中管理与被管理的关系，它最明显的优点是避免了多头领导引起的误解和麻烦。垂直指挥链在厨房组织中的实现是建立合理管理层级的前提条件。

垂直指挥和参谋是相辅相成的关系。部门经理对总经理来说，是被管理同时带有参谋性质的关系，部门经理一方面要贯彻、执行总经理的决策；另一方面，他又是总经理进行决策时的参谋。在任何一个管理层中，管理与被管理的关系总带有这种参谋性质。特别值得注意的是，由于长期崇拜技术和独尊经验，在一些厨房组织中，垂直的指挥链仅起到辅助性的行政作用，而参谋性质的关系往往取代了指挥链的作用，管理与被管理的关系就会混乱了，致使组织结构发生"错位"而影响内部各种关系。

（三）平衡协调

垂直指挥链解决了组织结构中管理与被管理的线性关系。然而，在厨房生产运作中，物流过程和服务过程基本是流水线作业性质，这就需要一个协调各部门运作的原则，即平衡协调。平衡协调是指同一个管理层次或部门之间，或工种之间在烹制食品、销售服务和各种信息传递反馈上保持沟通和协作。

（四）精简统一

任何一个组织结构都应该是精简的，要尽量减少结构层次，以保证各部门、各层级之间有快捷、正确的信息传递渠道。同时，各层级的设置必须符合统一指挥原理。精简统一是为了使整个组织运作具有相应的效率。一个餐饮企业或餐饮部是否能适应瞬息万变的市场竞争，其中一个要素就是精简的组织结构。如果机构臃肿，人浮于事，就会造成互相扯皮，影响组织的活力。同样，统一指挥也是必需的，每个管理者的管理幅度以 5~12 人为宜，不要形成多头领导，确保各部门和各层级的目标统一。

二、厨政管理的组织结构设计

组织是为实现某种目标而建立的，其中许多目标从本质上说就是财务目标。值得注意的是，偏向商业性的餐饮企业更期望利润最大化，而偏向非商业性的餐饮设施更希望实现成本的最小化。一个组织还可以有其他方面的目标，如质量目标、市场占有目标、公共关系目标和员工培训目标。一个组织的构成形式则会影响其实现目标的能力。

通常情况下，管理者会通过一定的组织形式实现厨房的生产与管理。通过在厨房中设置科学且完善的机构，就能够清楚地反映不同类型的厨房工作人员之间的关系；除此之外，厨房工作人员还可以明确自己对谁负责，又需要向谁汇报工作等，由此就能够确保工作的严谨性，使所有人都能够在厨房当中寻找到属于自己的位置以及未来的发展方向。厨房机构体现了饭店的管理风格，厨房应当受到饭店总的管理思想的指导，并坚持遵守机构设置原则，合理设置厨房机构。

（一）厨政管理组织机构建构的方法

1. 按功能画"线"

按功能画"线"就是按管理轴线划分部门。管理轴线就是组织中的管理结构。任何一个管理者都要根据企业的条件和实际情况考虑采取哪种管理结构为合适。

管理轴线不仅体现了管理层级，还规定了各种各样的内部协调关系。

（1）按流线设计

按功能来划分管理轴线，一般划分为加工流线、物品流线、餐具流线和服务流线。厨房主要负责菜品生产、烹调。

（2）按功能划分

厨房组织的管理轴线，一般有两种处理方式：一是以功能划分，二是以区域划分；以功能划分就是以各功能部门来划分最基本的管理核算单位，按照加工、烹调、冷菜、点心、西餐等不同的管理轴线归类，从而形成一个完整的组织结构。这是厨房组织最常见的形式。以功能划分的管理结构适合各类厨房组织的建构。

（3）按区域划分

以区域划分的管理轴线常见于大型的饭店厨房组织结构。如果采取以功能为主的管理轴线来建构的话，就容易出现管理分散、协调不力等问题。所以，一般的做法是以区域来划分管理轴线，即按照分布空间区域建立最基本的管理单位。

2. 按三级管理建制

按三级管理建制就是将厨房工作人员分为管理人员、生产操作兼管理人员和生产操作人员三个管理层级。中式厨房机构三级管理结构管理岗位包括厨房经理、行政总厨、厨房主管、点心主管、备餐间主管，砧板领班、炉灶领班、备餐间领班，以及各岗位操作人员等。

把上述管理岗位按三个管理层次组织起来，就构成了厨房烹调部门组织的管理结构。

3. 营业部的设置

在广东和港澳餐饮业中，营业部的设置是必不可少的。然而，在其他大城市的餐饮业中一般没有类似的功能机构，属于营业部的成本核算、计算售价、毛利控制、促销策划等功能一般归于经理或厨师长负责。长期实践经验证明，在组织结构中设置营业部，体现了分工专业化和职能部门化原则，对餐饮经营的物价控制、成本控制和促销公关工作的开展有明显的好处。在现代餐饮竞争中，营业部扮演了越来越重要的角色。营业部的设置一般与其他功能部门处于同一个管理层次，营业部部长（或经理）与其他部门部长的权力和职责是不同的，这样才能使营业部充分发挥内部协调和外部促销的作用。在一些餐饮企业中，营业部直属餐饮部经理管辖。

（二）厨政管理组织结构设计

因为烹饪生产规模和作业方式存在差异，所以厨房组织机构也存在着不同的形式。伴随着餐饮企业经营策略的改变，厨房内部的组织结构也会进行相应的调整，从而真切地反映出厨房的生产岗位与各工种之间存在的最新的关系。

1. 现代大型厨房组织结构设计

这种厨房的特点主要表现为存在一个能进行几种加工的主厨房，其主要工作是对所有的生产产品的原料进行初加工、切割、配份等。值得注意的是，这里的加工与我们常见的初加工存在着一定程度上的差别，其主要目的是将原料直接加工成为能够直接进行烹调的半成品，之后将这些产品按照规格进行配份和冷藏，以便各烹调厨房领用。不同的烹调分厨房根据自己的需求进行申请，最终由主厨房集中向采购部申订原料。

目前，西方的大型饭店的厨房和国内一些饭店的厨房，如上海锦江集团的一些饭店厨房即采用这种组织结构。这种组织架构的存在是餐饮行业工业化的一个重要标志，正是通过使用标准的方式对所有的原料进行加工，从而使得产品的质量获得了最大程度上的保证。标准配份方法保证了产品的数量。通过加工配份的集中统一，能够最大限度地利用原料，以便获得最佳的经营状态。

2. 中型厨房组织机构设计

很多中型餐厅或者酒家并不同时经营中餐和西餐。其中的中厨主要包括：初加工组、冷菜组、配菜（砧板）组、面点组、炉灶组等；西厨主要包含：西点组、配菜组、炉灶组等。通常情况下，可以在餐厅当中设置中餐厨师长（或行政总厨）和西餐厨师长（或行政总厨）各一名，并设置中餐主厨和西餐主厨各一名。各作业班组也能够依据人员数量与工作需要设置一名或两名领班。值得注意的是，领班是并不是脱产的，还需要基于实际的需求对各岗位操作人员、助理厨师和见习生等进行设置。各级厨房工作人员在厨师长、主厨领导下进行工作并严格按照等级链原则实行一组对一级的管理。

3.小型厨房组织结构设计

小型厨房的规模较小，所以在结构上也表现得比较简单，可以在其中设置几个主要的职能部门。但是，需要注意的是，在更小的厨房中，可以不设部门而直接设岗。一般而言，这种机构的特征是从管理者到员工，结构简练，权力集中，命令统一，决策迅速，相互间容易沟通，所以更容易组织管理。

第二章　厨政绩效管理运作

有效的绩效管理是一系列管理活动连续不断的循环过程。通常情况下，一个绩效管理阶段的结束就是另外一个新的绩效管理阶段的开始。在这种循环之下，无论是个体还是企业在绩效上都能够得到长足的发展。本章分别从厨政绩效管理体系设计、厨政绩效管理指标拟定、厨政绩效管理制度划分三个方面进行详细阐述。

第一节　厨政绩效管理体系设计

一、厨政人力资源管理与绩效考核

（一）厨政人力资源管理概念

在厨政人力资源管理当中，厨政员工是作为餐饮企业的资源而存在的，必须要对其进行一定程度上的培训，才能使其成为餐饮企业所需的重要人才，并为餐饮企业的发展贡献力量。厨政人力资源管理属于开放式的管理，面向整个餐饮市场，要利用餐饮市场和厨房产品来选定厨房人员，要十分重视对餐饮经营过程当中所需的各类厨政人才进行选拔与培训，并且还要依各种科学的管理方式，采用不同的激励手段，发挥出厨房员工的积极性；重视为员工提供福利，以便能够促进厨房员工发挥主动性与创造性；除此之外，还要格外重视对员工进行考核与评估，并且为了更好地提高经营效果，还会建立一个良好的工作环境。

厨政人力资源管理由餐饮企业的人力资源管理职能部门负主要责任，行政总厨或厨师长在厨政管理中要了解餐饮企业人力资源管理的任务、特点、职能和方法，为人力资源管理职能部门提供更为合理的建议和办法，便于在日常管理中有效地整合厨政人力资源，实现企业既定的经营目标。

（二）厨政人力资源管理的基本目标

对于管理活动都应建立一定目标，如果不存在目标就没有了努力的方向。厨房内部进行人力资源管理的时候，需要遵守的基本目标就是提高厨房的劳动效率。厨房劳动效率是衡量厨房技术和管理水平的重要标志，是考核餐饮经营情况的一项综合性经济技术指标。根据厨房人力资源管理的基本目标，其具体的要求如下：

1. 造就一支技术过硬的厨师队伍

餐饮经营要取得良好的经济效益，不仅要有一定数量的员工，并且所有的员工的质量都要符合企业的业务经营的需要。无论是怎样的饭店或餐饮企业，想要在激烈的竞争当中获得胜利，就需要建立起一支足够优秀的厨师团队。值得注意的是，优秀的厨师队伍并不是自发形成的，而是需要经过一系列的人力资源开发管理，以及一段时间的积累才能够形成。其中，企业要依据经营发展的要求进行组织，从而建立起一支契合企业的经营业务要求的员工队伍。之后，企业需要重点加强员工队伍的培训，不但要提高所有员工的业务素质，还需要加强员工的思想品德的培养，强化员工的服务意识。另外，企业需要坚持科学有效的管理，并建立起合适的激励奖励机制，最终成功激发员工的主动性与创造性，以促使员工更加热爱企业与本职工作，积极、主动地为企业发挥出自己的最大的价值，由此就能够最终形成一支十分强劲且优秀的高素质员工队伍。

2. 使厨师队伍得到优化组合

厨房管理者需要设立一个科学、精练、高效的生产运转系统，必然需要科学、合理地组织起一支优秀的厨师队伍。在企业的生产经营与管理活动当中，应当明确岗位职责、确保权责对等，以便每位员工都能够明确自己的任务，做到人尽其才，由此才能够获得更为良好的工作效能，最终形成一个高效、有序的劳动组织。通过有效调动起员工的积极性，就能够更好地提高工作效率，保证产品质量，而且还能更好地发扬关心集体、敬业乐群，对技术精益求精的风尚和精神。

3. 创造和谐的劳动工作环境

现代厨房在生产运行管理中，管理者需要及时用情感管理并佐以各种手段与方式，有效促进厨房员工的工作热情，而这也正是管理的主要工作。一般而言，人的管理并不是对人进行管理，而是"得"人，寻找人与事的最佳配合点。人们常说，天时不如地利，地利不如人和。一个企业不怕没钱，不怕设备落后，而是怕人心不和、士气低落。在企业当中所实行的人力资源管理的主要方式就是通过建立足够有效的激励措施，为员工创造出一个良好的人事环境，以确保能够促使员工更加热爱工作，并在工作当中尽可能地将其聪明才智发挥出来。

（三）厨政人力资源管理绩效考核

通常情况下，厨房在生产上面会划分相应的工作等级，简单来说就是划分工作岗位等级；具体而言，就是需要将厨房当中的所有岗位进行等级划分，其主要依据就是劳动技术的难易程度、强度的大小等。员工能够从考核制度当中寻找到企业对于员工的工作质量与数量的具体内容与严格要求。而上述两种工作的好坏涉及劳动报酬分配的合理与否，管理者应当对其加以重视。

1.绩效考核

绩效考核是厨房管理的基础工作。所谓绩效是指个体能力在一定环境中表现的程序和效果，即每位员工在其工作岗位上所作出的成绩和贡献。这种成绩和贡献主要由员工能完成的工作的数量、工作的质量、工作的效率、工作的效果等方面来体现的。工作绩效可以反映出一个组织的效率、功能、生命力、作风等，还可以反映出一名员工的知识、能力、素质、品德等。

绩效考核就是检验、评价、衡量其要求达到与否、程度如何、原因何在，因此，考核的内容和标准都要紧紧围绕岗位工作的要求，说到底，就是围绕每个岗位的职责、职权和职能考核。如果没有这些客观的依据，就没有明确的考核尺度和标准，就做不到对员工的工作绩效作出恰如其分的评价。在考核中要将考核与个人利益紧密联系，即针对考核结果进行必要的奖惩结合，赏罚分明，进而与薪资分配、人事变动、培训进修、发展机会等配套挂钩。

绩效考核包括劳动出勤、劳动责任和劳动质量三个方面。劳动出勤是员工劳动态度的重要方面；劳动责任主要是考核员工在实际工作中的表现，如工作中的主动性、积极性、工作效率、是否完成任务、服务态度等；质量考核则包括工作质量、生产质量、差错事故、安全卫生情况等。

绩效考核还包括员工是否服从命令，听从指挥，勇于主动承担艰巨任务；是否千方百计提高产品质量，满足顾客需要等。在考核中，有逐级逐日全面考核制、月终综合评定考核、过失记录考核等方式。其途径有上司考核下属、自我考核、下属对上司的考核和同级之间的考核等。

2.合理分配

每一个员工的需要都是多样的，但就满足的手段来说，最基本的有两个，即物质刺激和精神鼓励。就社会分工而言，劳动依旧属于人们谋生的手段，而且，从事各种社会活动的物质动因就是对物质利益的追求。所以，如果想要充分调动起厨房员工的积极性，就应当始终坚持物质利益原则，增强物质刺激。根据企业的实际主要必须抓好三个基本环节：

（1）加强劳动报酬管理，搞好按劳分配

对于员工来说，劳动报酬是其主要的收入来源，由此才能切实保障并改善其基本生活条件。在进行劳动报酬分配的时候，企业需要遵循一个总的原则，即"各尽所能，按劳分配"。至于怎样对这一原则进行执行，还需要企业制定具体的规则进行保证。其中，还存在两个原则，一是"两个挂钩"原则，具体指的是劳动报酬与企业的经济效益、劳动者的劳动成果存在着直接的关系。二是奖优罚劣原则，主要是指劳动报酬不但要保证相对稳定，还需要具有一定的灵活性，需要明显地体现出干活多少与质量好坏能够对劳动报酬产生的直接影响。

（2）关心群众生活，加强福利工作

多少年来，饭店、餐饮企业提倡"爱店如家"，但是需要注意的是，企业是否存在值得员工"爱"的地方呢？企业只有通过对员工的实际问题的重视，才能够有效激发员工对于企业的自豪感与归属感，由此才能够有效增强企业的凝聚力；否则，会直接导致员工没有办法全心全意开展服务工作，如做好员工食堂及其附属设施的建设，包括食堂、更衣室、浴室、员工活动室等，做到清洁、整齐、设备基本齐全，这是确保劳动力能够再生产的必要条件，同时也能够在一定程度上加强对于员工的塑造。

（3）创造良好的环境，增强员工的安全感

厨房工作环境的好坏将直接影响产品的质量、生产效率和生产人员的工作情绪。厨房的空间、噪音、通风、光线、排水等是厨房硬件中最为基础，也是影响产品质量的主要因素；人员之间的协作、友好、创新的良好氛围是提高厨房工作效率的重要内容。良好的环境能在一定程度上提升厨房员工的工作积极性，一般而言，良好的环境主要体现在以下三个方面：一是舒适、整洁、安全的工作环境；二是安定、和睦、欢乐的生活环境；三是团结互助、平等友好的人事环境。

二、厨政绩效管理考评设计

（一）厨政绩效管理考评设计内容

厨政工作绩效考评是比照厨政工作目标或者岗位工作标准，利用相应的考评办法对员工进行评价，以便能够真实地了解员工的工作完成情况、职责履行情况以及员工的发展情况等信息，之后通过对以上信息进行整理分析，并反馈给员工的过程。

厨房员工工作绩效考评，首先要按厨房员工工作的性质与特点制定相应的考评标准和内容。通常把绩效考评标准分为定量标准和定性标准。定量标准是指将工作能力和工作成果量化，用数字作为评估的标准，评价准确。定性标准使用语言文字作为标准，反映的被考核者的业绩并不是具体的，常常涵盖多个方面的内容。考核者只是凭借对于被考核者的总的业绩的感觉而给出的印象分，但是很多时候感觉会出现种种误差。将标准制定得更为客观、公正，才有利于绩效工作的有效开展。

绩效考评的主要内容包括德、能、勤、绩四个方面。"德"是指员工的工作态度和职业道德，这方面主要考核厨房员工的敬业精神和工作责任心，以及相关的食品法律法规内容。"能"主要是指员工的工作能力，主要考核厨房员工的专业知识、专业技能、创新能力等内容，是绩效考评的重点和难点。"勤"是指员工的工作积极性、主动性、纪律性和出勤率。"绩"则是指员工的工作业绩，包括员工完成工作的数量、质量和影响效果。工作业绩的考评要根据不同的岗位、职位分别对待，考核的侧重点要有所不同。一般来讲，对业绩考评的标准最好能够量化，如完成工作的数量、质量、成本费用、销售额、毛利率等；而德、能、勤三方面考评的标准兼顾定量和定性两方面来制定。

（二）员工考核设计

厨房员工考核是厨房常规管理工作之一。做好这项工作的前提是立足厨房现状，着眼完善厨房管理的基本目标，设计、制定切实可行的行动纲领，并循序渐进实施。

1. 厨房员工考核规则

（1）确立基本规则

考核应起到弘扬正气、反对不良积习和充分调动员工工作积极性的作用。厨房考核基本规则的鼓励措施与惩戒内容都应明确具体，以便让被考核人员熟知。

（2）公布、培训并确认考核规则

厨房考核基本规则制定后要及时公布于众，同时要对考核对象进行全面、系统、认真的培训，以使其正确理解奖罚标准。

（3）适时修订、完善考核规则

厨房考核规则基于不断提高员工的工作责任心、提高出品和管理质量，并非一成不变。在厨房各方面工作明显进步之后，对于一些没有必要强化，或大家已形成习惯的好的行为，不应将其继续列为考核内容。管理者可以通过修订、完善考核规则，不断提高厨房工作质量和出品质量。

2. 厨房员工考核重点

厨房管理人员的考核侧重管理协调能力。厨房管理人员考核是厨房考核系统化不可或缺的组成部分。值得注意的是，对于某些与员工联系紧密的管理岗位，在进行考核的时候，其主要考核内容应当是身先士卒、严格遵守并执行店规店纪等，考核方式主要是日考核与月考核相结合。对于那些在厨房当中有着较高层次的管理岗位来说，其考核的主要内容应当为新品开发、团队协作、团队风气培养等，考核方式的选择可以是多种多样的，时间跨度亦可大一些。日本"经营之圣"、著名企业家稻盛和夫教授认为（上司）客观评价（管理层面）下属的三大要素：事业成果 = 思考方式 × 工作热情 × 工作能力。其量化标准为能力、热情为 0~100 分；思考方式为 0~100 分。

（三）员工评估设计

员工评估管理既是系统考核的组成内容，又具有相对独立性。基于对厨房内部员工的日常考核管理，还需要对其进行较长周期的员工评估，这属于厨房员工的综合工作表现的考察和小结。

1. 厨房员工评估的作用

厨房员工评估的必要性和作用主要有以下几个方面：

（1）员工得到承认

不可否认的是，对员工进行评估能够帮助其获得认同。在进行评估工作的时候，管理者会关注被评估的员工，还会听取员工为了更好地开展之后的工作而制订的计划。所以，通过评估能够提供一个讨论的场所，以便管理者更好地对员工的意见进行听取与采纳。

（2）找出长处和短处

对员工进行评估有助于找出员工的长处和短处。如果管理者发现了员工的长处，就可以对其进行肯定与嘉奖，由此就能够提高员工的自信心，促进员工更加努力地工作。除此之外，如果管理者发现了员工的弱点，就可以促使其改正。

（3）反映真实情况

评估有助于员工了解其所在工作岗位的发展、进步情况，也有助于基层管理者发现工作中的得失，以及本企业、本厨房目标达到的程度。

（4）为辅导和帮助提供依据

评估可以作为依据，使管理者能够更好地为在工作当中遇到问题的员工提供辅导与帮助。

（5）为决定工资提供依据

企业一般根据岗位技能决定员工工资，工作表现评估则为企业决定员工工资标准提供了依据。当工资、奖金和荣誉都与工作表现挂钩时，对员工的评估就可为决定其工资和奖金提供重要的依据。工资和奖金的调整既要关注资历，更要强调工作表现。

（6）为变动岗位提供正当理由

做好评估工作能够帮助管理者更好地进行厨房人力资源的优化组合，最终实现厨房人员的动态平衡。在评估的过程当中，管理者如果发现了员工的才能，就可以将其作为之后提拔、调动等的重要衡量因素。如果员工的工作成绩并不理想，那么管理者可对其进行降职、调到其他岗位工作或解聘的处理。厨房管理者应当确保公平公正地对员工的工作能力进行评估。基于评估的结果，厨师管理者就能够制订出进一步对员工工作进行指导的计划。

（7）找出问题和需求

评估工作能够有效帮助员工找到其工作上存在的问题，由此员工就能够更加明确自己是否需要进行培训。如果厨房管理者在评估过程当中发现某些厨师并不能够把握新推出的菜品的口味与质地，就需要对他们进行集体的培训。除此之外，对员工进行某些方面的单独培训或者辅导，也能够有效帮助其解决一些具体的问题。

（8）改进管理工作

厨房管理者在与员工接触并指出员工存在的问题的时候，还应该重点思考员工存在的问题与对其采取的管理方式是否存在一定的关系。

（9）改善关系

对员工进行评估有助于改善员工和管理者的关系。在开展评估工作的时候，管理者与员工应当通力合作，成为一个整体。这种关系可以正常地发展，并且管理者与员工都能够及时了解对方到底在想什么，自己又应当怎样为其提供配合。

2.厨房员工评估的方法

一般而言，厨房管理者会依据厨房管理的状况和实际确定对厨房员工进行评估的方法。相关的评估方法不仅有较为复杂的，还有相对简单的，管理者可以选择单一的方法进行，也可以选择交叉或结合方法进行。

（1）比较法

这种方法就是对厨房的员工进行相互之间的比较，以便对其进行评价。简单排队法是比较法中的一种。管理者使用这种方法对厨房员工按照最好到最差的顺序进行排队，这种方法是主观上针对厨房员工的行为表现进行判定的。作为比较法中的另外一种，硬性分配法需要管理者将厨师划分为几个等级，并为每个等级限定人数。

（2）绝对标准法

这种方法不需要厨房管理者采用与其他工作直接进行比较的方式对每位厨师进行评估。通常情况下，厨房管理者可以通过以下三种常用的方法将绝对标准融合到评估过程当中：

①要事记录法。依据这种方法，相关管理者就能够将工作当中发生一切重要

事项记录下来，在经过整理汇总之后就能够真切反映出员工的全面表现，并且也能够成为对员工进行评估的重要依据。

②打分检查法。由厨师长或者一些熟知员工的工作并有着较高的威望的人制定合理的检查表，并依此对每位员工的各项工作进行打分，由此就能够根据分数对员工的工作好坏进行确定。

③硬性选择法。一般而言，工作的优势能够从多个方面表现出来，而硬性选择法需要相关评估人员选定某几个方面对于员工的表现进行评价，并选出最为合适的评价。

（3）正指标法

这种方法是将所有员工的各项工作与相关表现通过数字表现出来，并将其作为评估依据。

（4）工作岗位说明书与工作表现评估

工作岗位说明书（岗位职责）不但适用于员工的招聘，而且还会运用于员工的培训及评估，通过其中规定的各种工作对员工进行相应的培训，以便员工的每项工作都能够达到相关标准。因工作表现的评估而重视工作的质量，所以工作岗位说明书也就成了对员工工作进行评估的依据。

（5）员工工作表现的全面评估

管理者应当建立起适合的业务、技术考核制度，并依此对员工进行业务技能相关的考核，以便更好地检验员工的实际操作能力。管理者采用操作和见面会式的双重评估的方式，建立一个全面、系统、真实的业务档案，由此就能够切实反映员工的工作表现与业绩，也更加方便掌握员工的发展变化状态。

3. 厨房员工评估的步骤

（1）确定评估工作目标

之所以对厨房员工的工作进行评估，主要是为了有效改进员工的工作表现，并且寻找出一些人际关系当中存在的关键问题。值得注意的是，每次进行评估之前，都需要确定明确且具体的目标。

（2）确定采用的评估手段和方法

管理者要确定采用的评估手段和方法。

（3）确定实施评估的人员

通常情况下，由基层的厨师长对厨房员工进行评估。除此之外，员工的直接领班或头炉、头砧等人也可以承担这份工作，至少要参与其中。

（4）确定评估的周期

企业应当每年进行一次正规的员工综合评估；针对新员工可以多进行几次评估。一般而言，半年一次的评估工作会在 7 月和 12 月与员工的技术考核结合举行。

（5）制定员工参与评估的方法

管理者应当对员工进行尽可能多的评估，确保员工有机会对评估人员的意见发表自己的看法，相关人员还需要针对问题作出解释。员工可以帮助制定下一阶段评估的目标，并且对评估的工作环境因素提出意见或建议。

（6）制定申述方法

如果员工认为评估工作不公平，企业就应当为其提供可以向上级进行申诉的途径，否则就会导致整个评估工作逐渐失去可信度。

（7）制定后续措施

工作表现评估结束后，通常情况下，管理者要进行一些临时性跟踪观察。

（8）把评估计划告知员工

员工之所以对评估计划有所关心，主要是因为他们需要了解工作当中的哪些方面会对自己产生影响。所以说，不应当对评估计划进行保密，应当确保所有员工都能够明晰相关细节。

（9）采用有效的谈话技巧

厨师长在进行评估时必然需要与员工交换意见，所以说，要正确掌握沟通的技巧。评估中的重点应该放在双向沟通上。通过相关沟通能够有效促使厨房管理者更好地帮助员工对工作进行改进。除此之外，还能够在制订具体行动计划等方面获得一致意见。在评估结束之后，应当填写相应的书面材料，并与相应员工的业务档案进行结合，以使这些材料成为决定岗位工资的参考。

4.厨房员工评估的问题与防范

面向厨房员工的评估工作绝对不能过多过繁，也不能敷衍了事，否则就很难发挥评估的积极作用，而且还会造成人力、物力等方面的浪费。一般而言，如果使用不正确的方式与步骤进行评估工作，就会出现下面的问题：

（1）采用作用不大的评估表

如果所有的评估内容都不重视工作表现，而强调个人才能，就会导致整个评估过程出现问题。一般而言，仅仅将评估作为检查纪律的一种方式并不合适。

（2）缺乏从事评估工作的组织能力

如果评估人员和厨师长并不具备足够的周密地制订和实施员工评估计划的知识和技巧，采取的步骤也比较杂乱，就会难以获得良好的效果。

（3）不能定期或者经常性地进行评估

如果没有定期且经常性地开展评估工作，难获得良好的效果。员工一般十分希望厨师长能够就怎样改进员工的工作向其反馈。

（4）害怕得罪员工

部分评估人员与厨师长忌惮因评估过程的公布而得罪员工。但是，这种想法是错误的，管理者的最主要的责任就是向员工提供其需要的帮助，并使员工能够更好地开展工作。

（5）缺少工作表现的评估资料

在一些餐饮企业的厨房当中，某些评估人员仅仅制定了评估过程，但评估资料填写不认真；有些评估人员甚至并未征求员工的意见就私自填写了评估表。需要注意的是，以上做法都是错误的，员工应当积极参与评估工作，而且员工的意见不管大小都应当被考虑。

（6）评估结束后未采取后续措施

管理者要充分运用评估报告中的各种资料，积极开展后续管理工作。在两次评估工作的间隙，管理者应当积极开展跟踪监督、辅导等工作，以确保员工的工作不断得到改进。

三、厨政绩效管理薪酬设计

一般而言，薪酬就是指企业对员工为企业创造的各种贡献所付出的对应的报酬或者答谢，这属于员工工时需要进行的劳动所获得的货币或非货币形式的补偿。

薪酬设计要兼顾社会就业状况、同行业薪资水平、地域薪资水平、企业利润状况和员工风险系数。厨房员工薪酬设计应把握两大块内容，即直接薪酬和间接薪酬。

（一）直接薪酬

直接薪酬包括员工的基本工资、津贴、绩效工资、股票或股票期权等，这是薪酬设计最有效、最直观的方式，最能够调动员工的工作热情，激发其才能的发挥，使其获得满足感。其中，厨房员工基本工资一般是按照厨房员工的岗位来规定的工资标准。津贴是企业为了自身发展按国家、行业、地域标准给予员工的补贴，包括技术津贴、工龄津贴。绩效工资也叫浮动工资，是根据厨房员工完成经营成果多少来确定。比如，餐饮企业规定每个月的销售额应达到50万元，超过部分实行提成奖励，销售额达到60万元内按提成，厨房员工最多可以获得的提成额为（60-50）×6%=6000（元）。再如，对销售具体的菜点也可以参照执行，如果某个主要岗位销售的某道菜点达到规定的销量，超额销售部分按规定提成。绩效工资是动态的、阶段性的，如果设计得好，那么它对提高厨房员工工作的积极性有很大帮助。管理者通过股票或股票期权能够对员工进行长期激励，而且能对厨房高级管理者、核心专业技术人员等发挥出良好的作用，这是一种捆绑式、利益互享式薪酬，已越来越受到企业的推崇。

（二）间接薪酬

间接薪酬包括员工的福利、服务和员工保护等内容。福利是企业为员工提供的工作报酬之外的一切物质待遇。在人才竞争的现代社会，企业福利水平是吸引员工的一个强有力的手段。有的企业已经将员工的学习培训纳入了福利管理范畴。

第二节　厨政绩效管理指标拟定

一、厨政绩效管理指标拟定策略

（一）绩效考核指标拟定原则与步骤

作为绩效考核的基本要素，绩效考核指标的制定能够在一定程度上确保绩效考核的成功，所以说，它也是建立绩效考核体系重点。

1.绩效考核指标拟定原则

在国外，有一些管理专家会将绩效考核指标的设计规范浓缩成为"SMART"，但是需要注意的是，这并不是一个单词，而是由五个单词的词头进行拼合的一组符号，其中每一个字母都有着属于自己的含义。

（1）"S"（Specific）

具体来说，"S"指的是应当将绩效考核指标进行深度细化，以便能够具体到相关内容上面，而这里的内容则是指那些由团队所主导绩效目标的，并且能够伴随情景变化而自由进行变化的内容。

（2）"M"（Measurable）

"M"具体是指相关的绩效考核指标在设计的过程当中，应当确保员工通过自己的劳动运作起来，并且能够量化。

（3）"A"（Attainable）

"A"具体是指在对绩效考核指标进行设计的过程当中，应当确保员工能够通过自己的努力实现并且处于规定的时限之内的目标。

（4）"R"（Realistic）

"R"具体来说，就是指在对绩效考核指标进行设计的过程当中，应当确保能够被观察与证明，而且是现实生活当中真实存在的目标。

（5）"T"（Time-bound）

绩效考核指标应当存在一定的时间限制，并且对效率进行重点关注。

2.绩效考核指标拟定步骤

（1）岗位分析

依据考核的目的，考核人员需要深入研究、分析被考核对象在岗位上的工作内容、性质等，以便能够更好地了解被考核者在这一岗位当中进行工作所要达到的目标以及采取的工作方式等，从而更好地确定绩效考核的各项要素。

（2）流程分析

绩效考核指标必须在流程中把握。根据被考核对象在流程中扮演的角色、责任以及与上游、下游的关系，最终确定绩效指标。另外，如果流程存在问题，则管理者还需要对流程进行优化或重组。

（3）绩效特征分析

考核人员通过图示对各指标要素的绩效特征进行标注，并按照需要对考核程度进行分档，如可以按照非考核不可、非常需要考核、需要考核、需要考核程度低、几乎不需要考核五档对上述指标要素进行评估，之后根据少且精的原则按照不同的权重进行选取。

（4）理论验证

依据绩效考核的基本原理与原则，对所设计的绩效考核要素指标进行验证，保证其能有效、可靠地反映被考核对象的绩效特征和考核目的。

（5）要素调查，确定指标

考核人员依据以上步骤初步确定的要素，并使用各种各样的方式方法对其进行要素调查，以便最终确定绩效考核指标体系。值得注意的是，考核人员在进行要素调查和指标体系确定时，通常会采取将几种方法进行结合的方式，以便使指标体系更加准确、完善、可靠。

（6）修订

为了确保已经确定的指标更趋合理，考核人员还需要对指评进行修订。修订分为两种。一种是考核前修订，主要通过专家调查法，将所有已经确定的考核指标提交领导、专家会议和咨询顾问，征求意见，并对绩效考核指标体系进行修改、补充和完善。还有一种是考核后修订，依据考核及考核结果应用之后的效果等情况进行修订，从而使得考核指标体系更加理想与完善。

（二）关键绩效指标与难以量化绩效的处理

1. 关键绩效指标拟定步骤

通过对企业及组织运作过程中的关键成功要素进行提炼与归纳就能够获得关键绩效指标（KPI）。

（1）关键绩效指标的特征

值得注意的是，关键绩效指标拥有以下几种特征：

①通过将员工的工作与企业的发展愿景、战略与部门进行一定程度上的连接，在分解与支持的工作当中，促使每一位员工能够更好地将个人的绩效与部门的绩效、企业的整体效益进行紧密地结合。

②确保员工本人的绩效和外部的客户的价值紧密连接，从而更好地实现客户

的价值服务。

③员工的绩效考核指标归根到底与企业的发展战略和流程有着联系，并不是由员工所处岗位的功能决定的。建立起关键的绩效指标体系能够充分发挥出绩效考核指标的引导作用，促使员工按照绩效的相关标准和要求努力工作。

一般情况下，管理者会通过"鱼骨图"分析法来建立关键绩效指标，主要有以下几个步骤：

①明确个人或者部门的业务重点，之后寻找哪些因素能够与企业之间互相影响。

②明确每一个职位的业务标准以及该职业获得成功的关键因素，还需要确定满足业务重点所需要的策略手段。

③确定关键的绩效指标，并对相关的绩效标准是否达到的实际因素进行判断。

④对关键的绩效指标进行分解与落实。

2. 难以量化绩效者的处理

在企业中存在一些关键绩效指标难以量化的员工，就比如人力资源管理者、财务人员等，关于相关的关键绩效指标的确认有着较大的难度，但是并不是不能够实现的。一般而言，这一类的人员的关键绩效考核体系主要来自以下几点：

①职位职责中的关键责任。

②对上级绩效目标的贡献。

③对相关部门绩效目标的贡献。

由此就能够确定，对于上述这一类难以进行关键绩效指标确认的员工来说，考核可以依据其在考核周期之内的工作任务或者是工作要求的界定来进行。一般而言，相关的衡量指标主要通过时间进行确定。简单来说，这些被时间所界定的工作任务与工作目标也可以看作定量指标。如果要保证这些关键绩效考核指标有切实的可操作性，就需要其能够对员工的工作任务或工作目标进行明确的说明，并且进一步提出较为明确的时间要求。

二、厨政绩效管理指标拟定内容

（一）厨政绩效考核指标拟定策略

持之以恒、公平合理的考核可以引导员工日益进取，不断进步；松松垮垮、断断续续的考核只能培养、纵容员工消极、投机、敷衍了事的工作作风。厨房考核系统的建立主要包含有以下两个方面：其一，伴随着时间的发展，应当坚持推行考核制度；其二，所有的厨房工作人员都应当接受考核。

（1）厨房员工日考核，以"发生记录制"为特点

对于厨房员工来说，日考核就是对员工每日的工作表现和工作质量进行考察和记录，其中与日考核相关的要求主要有以下几点：

①及时确认：如果员工存在违纪或受表扬的行为，则应当在当日对其进行说明。

②记录翔实：所有列入考核的材料都应当详细地记载相关细节；

③公平公开：考核事实应向本岗位、班组公示。

（2）日考核的具体操作方法

①确认规范。将已经明确的规范在考核范围内进行全面系统的宣传、培训，以使考核对象知晓并认可考核的内容和标准，接受并配合考核。

②发生记录。曾经有不少厨房设计过员工逐日考核表，表内类别齐全、项目繁多，每餐结束以后要求厨师长逐条对员工进行考查、打分。而事实上，厨师长主观上嫌烦，客观上太累，结果日考核流于形式。这种类似于"逐一过堂式"的考核，形式大于内容，几乎没有成效。发生记录制指的是在厨房的管理者处于当班或者当餐的时候，如果发现某一位员工存在表现突出的情况，就可以在核实之后将其列入考核当中，除此之外不需要列入考核，由此就能够有效减少员工的工作量，并提高工作效率。

③确认公开。列入考核的员工奖惩行为必须获得员工本人签名。

④纠正防范。考核的根本目的不是管理者洗脱责任，也不是追究、惩罚员工，而是为了使各项工作做得更好。因此，对好的做法和事情及时提出表扬，可指明厨师工作方向，对其错误的做法和存在的问题及时制止和纠正。

（3）厨房月考核，重点是奖惩兑现

一般而言，月考核就是指在日考核的基础之上对员工一个月内的表现进行总结，并在对其进行综合考察之后，依据相关表现与考核的结果对其进行制度规范所要求的奖惩。相关奖惩工作应当确保做到以下几点：

①及时。员工对应该属于自己的报酬是相当关注的，无故拖延或没有正当理

由而延误奖金（并不一定都是奖金，而是员工工资，即员工劳动所得的一部分，往往是与经营效益挂钩的部分）的分发，员工可能会理解为店方、业主资金紧张，甚至缺乏信用。不仅如此，员工的奖惩如果不能以月为单位体现，其激励和鞭策作用也会大为减弱。

②充分。对员工的奖惩必须按照考核的基本规则和事先确定的各种政策规定兑现；否则，同样会挫伤员工积极性，淡化纪律、规章的严肃性。

③公开。要使奖惩对大部分员工产生影响力，起到榜样的激励作用或处罚的震慑作用，大部分情况下，奖惩行为的公开更有效。

在开展月考核的时候所需要的资料和依据主要有以下几种来源：

第一种，该企业的管理人员在日常工作当中对厨房进行考核的记录材料。

第二种，管理餐饮与厨房的领导检查考核记录。

第三种，厨房内部存在的各种各样的考核资料。

（4）厨房月考核的操作步骤

第一步：根据当月或上月（企业应有一贯的规定）经营业绩情况，在企业相关的奖惩政策的指导之下，对厨房的考核分配费用进行计算。

第二步，选择用于考核分配的总金额，并除以厨房当中各个岗位的员工在当月或者上个月的考核项目的总分数，就能够计算出每一项考核分的分值。之后还需要将计算所得的分数与每一位厨师的实绩考核分数相乘，最终就能够计算出这名员工所得。

（二）厨政绩效评估指标拟定策略

厨房员工年（半年）评估是确定员工工作岗位的关键。厨房员工年（半年）评估是指员工在厨房工作一年或半年的时间之后，对于员工工作责任心、技术水平、人际关系等进行较为全面且系统的考察和总结，由此就能够明晰该员工是否进步，以及能够在之后的工作当中胜任该项工作，还能够发现员工的个人发展是否与企业的未来发展吻合等问题。

厨房员工年（半年）评估要求如下所示：

1.认真细致

如果说每日、每月的厨师考核影响的是厨师短期情绪或当月收益，那么半年或全年的评估则会影响厨师的岗位变动和下一个半年乃至一年的工资待遇。因此，此项评估必须认真对待。

2. 直接见面

评估的内容要与员工直接见面、与员工交底，评估人员与被评估人都要保持理性，这样的结果也更加真实。

3. 操作考核

操作考核评估员工"应会"部分，即员工掌握技术技能的情况。考核应做到全过程公开、公正，评委的组成应具有权威性和代表性，考核之后还要进行现场讲评。员工的操作考核内容可分理论和操作两个部分。

4. 结论要确切具体

对于厨房员工全年或半年表现，在经过认真、细致的评估之后，管理者应对员工有一个明确、具体的结论。这样，对评估的投入才值得，员工的发展方向和努力目标才会更加清晰，对企业的整体发展才更加有益。

第三节　厨政绩效管理制度划分

一、厨房员工培训制度

餐饮企业要赢得顾客，就必须提高厨房工作的绩效水平，而要提高绩效水平，就必须重视厨房员工的培训与发展。培训是一项投资，投资有风险（主要来自员工的流失），投资也有回报（员工为企业创造更多的利润）。为了满足餐饮企业的发展战略以及对于人才资源的需要，应当对厨房人员进行培训，由此就能够充分有效地提高厨房员工的技术与技能，并促使其学习优秀的工作方法并理解企业的理念与文化，使得众多的员工能够实现思维方式的转变，有效提高并改善员工的工作绩效。

（一）厨房员工培训的类型和基本内容

1. 按培训时间划分

按培训时间划分，厨房员工培训可以分为短期培训和中长期培训两种。短期培训周期短，一般用来做专业技术强化培训或专题培训，如燕鲍翅烹调专题培训、挪威三文鱼烹制技术专题培训、铁板烧专业技术培训等。中长期培训时间周期长，学习内容较多、较系统，如选派优秀厨师到大专院校深造或到关联餐饮企业访问学习3个月到1年。

2. 按培训形式划分

按培训形式划分，厨房员工培训可以分为不脱产培训和脱产培训。短期培训可以按不脱产进行管理，长期培训一般都是脱产培训。

3. 按培训的性质划分

按培训的性质划分，厨房员工培训可以分为岗前培训和岗位培训两种。岗前培训主要针对新到厨房上岗的员工，培训主要包含四个方面的内容，即企业政策和管理制度介绍、企业文化灌输、基本技能培训、安全训练，能够使员工全面了解企业，明确自己的职责和义务，掌握初步的专业技术、技能，缩短工作适应期，从而尽快上岗工作。

岗位培训主要培养员工的岗位工作技能，这是培训工作的核心。餐饮经营的竞争十分激烈，新技术、新工艺、新原料不断出现。为了企业的生存，厨房应在保证菜点质量的前提下，大胆创新、不断开拓，将新技术、新工艺、新原料运用到厨房日常工作中，提升菜品档次，满足顾客的需求。这就需要企业不断地对厨房员工进行岗位培训，让他们的专业技术和管理能力得到提升。岗位培训一般是按专题进行培训的，可以聘请某方面技术高超的厨师客座传授技艺，也可以由行政总厨或厨师长传授技艺，还可以通过参加行业协会举办的各种专题讲座或专业活动来达到培训提高的效果。

（二）厨房员工培训的原则

在厨房当中工作的基本都是成年人，更重视实际，所以在开展培训工作的时候应当确保充分体现成年人的学习特点，一般需要注意以下原则：

1. 学习的志愿

通常情况下，厨师只要在自己觉得应当学习新知识与新技术的时候才会接受培训。大多数厨师更想知道参加培训能够带给自己怎样的好处。所以说，在开始培训的时候，管理者应当积极宣传培训的必要性，提升其参加培训的意愿。

2. 边干边学

厨师的工作主要以手工操作为主，需要边干边学。培训的主要工作就是解决实际问题，应当使学员明白其所学的知识与技巧能应用到实际工作中。在进行厨师的技能培训的时候，主要内容应当为怎样解决某些菜肴的质量问题或是对其生产流程进行改进等。

3. 以往经历的影响

因为参与培训的厨师都拥有着各种各样的经历，所以在进行培训的过程中，应当重视与他们的经历进行结合。除此之外，对于一些有经验的厨房管理者或者厨师来说，在进行培训的时候，可以采用言传身教的方式。为了获得更好的学习效果，可以使相关学员在培训的过程当中处于一个轻松的学习环境。在进行厨师培训的过程中，使学员要看得见原料，并且拥有操控相关设备的机会，还拥有直观且可以进行操作的烹饪教室或厨房。另外，需要注意的是，培训工作者应当将接受培训的学员看作是同行与同事，而不应当将其看作是下级或孩子。

4. 培训方式

为使培训获得更加良好的效果，管理者可以采用多种培训方法，即使是进行纯理论性的课程培训，也可以通过融合相关案例的方式进行讲授。在培训的过程中，重点应当是对学员进行引导，而不是单纯进行评分。学员接受培训是为了能够明白应当怎样做得更好，以及自己的学习方法是否正确，是否完全了解所接受的知识与技巧。在厨房员工培训过程中，若是具备相关条件，就必须让学员充分参与操作练习，并在此过程中，由培训员发现相关问题，并及时对其进行纠正，从而获得更加良好的培训效果。在厨房员工培训过程中，除了要遵循以上的原则，还需要注意以下几点：

①培训的时间应当控制在学员的注意力集中的限度内，并安排合理的休息时间。

②不同的学员接受的进度不同，所以培训者应当拥有足够的耐心，给那些接受慢的学员更多的机会，甚至可以在课后进行专项辅导。

③在培训最开始，重点要求动作的准确性，并在之后的培训当中反复讲、反复练，并不需要强调提高工作的速度。

④在对某一项培训内容进行分步骤讲授之前，应当先进行一次整体的示范，以便促使学员在见识到完整的操作之后正确了解分步练习。

⑤接受培训的员工应当明白自己在培训之后能够获得怎样的效果，还应该能够对自己的学习情况进行评估，了解自己是否达到要求。

（三）厨房员工培训的程序

1. 确立培训目标

培训目标可分为知识传授目标、技能掌握目标、态度改变目标。知识培训是对受训员工按照岗位要求进行专业知识和相关知识的教育；技能培训是提高厨房员工的专业技术水平和工作能力，这是培训的重点和核心；态度培训是使员工深入理解企业的管理理念和提升员工的敬业精神，形成团队凝聚力。

2. 拟订培训计划

厨房员工的知识培训和态度培训一般由企业人力资源部负责统一安排，而技能培训主要由厨师长或行政总厨负责拟订培训计划，他们可以亲自培训，也可以选择行业中有影响力的专家、高级技师帮助拟订计划并参与培训。培训计划包括设计培训课程、选择和准备培训环境、准备与使用培训设备、确定培训时间等内容。

3. 实施培训计划

当培训的目标和计划都确定之后，并进行了相关的准备，就可以按既定计划实施厨房员工培训。

二、厨房员工激励制度

管理者在激励过程中应确立目标，并尽可能使员工的目标与本企业及厨房的目标紧密结合起来，这样会使员工认识到他们的劳动对厨房、对企业都是至关重要的。当员工在为企业作贡献时，他们的自身价值、人生追求和物质需要也将在企业的发展中获得满足。

（一）厨房员工需求分析

为了促使普通员工产生更加高昂的士气，厨房管理者应当对所有员工的期望和需求进行深入了解。在进行工作分配和督导的时候，厨房管理者要关心对员工存在的顾虑。一般而言，管理者很难控制员工在工作之外出现的问题，而员工很可能会将自己的目标与关心的问题带入到工作当中，这就需要相关管理者积极、主动地对其进行逐步了解。下面一些问题反映了大部分厨房员工的需求，结合这些问题，管理者可以制订对员工更有针对性的激励策略。

①每个员工对工作都有不同的认识。这是由于不同的经历、文化水平、见识和环境等因素造成的。

②每个员工都极为关心个人问题。员工对实现自己的各种需求、愿望、抱负、目标等很感兴趣，这些是所有的人都关心的基本问题。

③员工希望企业满足其基本的需求。这些需求包括保证生存条件，工作有保障，有归属感，希望取得别人对自己的普遍好感以及希望自我实现等。厨房管理者若能了解员工愿望，并能帮助员工去实现这些要求，那么在帮助的员工同时也会对企业带来额外的好处。

④对于大多数员工来说，他们更为希望：一是在与他们有关的事务中，厨房的政策要公平并要有连贯性，譬如职称考核、晋级、参赛等；二是管理人员值得尊敬和信任；三是与上级、下属和同事的关系融洽；四是薪金和工作条件理想；五是享有相关保险；六是获得较为理想的职位。

⑤下列一些条件也可以满足员工的需求以调动其积极性：一是挑战性的工作（尤其是对年轻员工）；二是能产生个人成就感的工作；三是对良好的工作和表现表示肯定和赞赏；四是职责范围扩大，工作中有进修并提高的机会；五是自己在企业中有地位感和贡献感；六是与员工有关的工作事务的参与机会（资深的员工更为关心）。

⑥对于多数员工来说，如果管理者能让普通员工实行工作轮换（把员工调到他们能胜任的其他岗位）、增加工作任务、丰富工作内容，使得员工的工作更加富有挑战性，就能够激发他们的兴趣。

⑦大多数员工，十分希望能有机会对他们的工作进行决策。厨师长可以邀请他们帮助分析存在的问题，提出各种解决方法，对他们的决策结果进行评估。

（二）厨房员工激励的原则

依据厨房员工的需求、遵循激励的原则制定相应的措施，激励将更加行之有效。

（1）目标一致

具体是指厨房员工有明确的目标，并且这些目标应当与企业及厨房的目标相一致（员工目标的建立，有些也需要厨房管理人员的引导）。

（2）激励的灵活性

激励方式多种多样，激励的程度也要有所区别。

（3）多方指导

企业经理及厨房各级管理人员要成为激励的推动力。

（4）管理成熟

随着厨房及企业规模的扩大、星级规格档次的提高，激励的方式和激励的方向也要改变。

（5）自我激励

厨房管理者的激励方式包括促成员工的自我激励。

（6）有效沟通

激励工作要取得成效，必须有一个建立在互相尊重基础上的自由和信任的氛围；

（7）员工参与

如果有可能，就让普通员工参加协商和参与决策。

（8）表扬与批评

发现员工的长处有时更困难。适当时候的及时表扬，可激励员工加倍努力地工作。

（9）权力、责任和义务

要提高员工的士气，厨房管理者必须给予他们做工作所必要的权力，还必须让他们保证把工作做好。

（10）真正的尊重

为成为一个好的激励者，厨房管理者应当对员工给予真正的尊重，不仅尊重他们的权利，还需要承认他们拥有的自我管理能力。

（三）厨房员工激励的方法和技巧

在厨房管理当中，管理者对员工进行激励的方法和技巧有很多种，在实践过程中有着最为显著的效果的主要有以下几种：

1. 环境氛围激励

厨房员工主要是在一定的环境当中进行相应的生产工作的。厨房管理者需要为厨房内的员工创设出一个同事之间互相尊重、关爱、和睦相处的，令人身心愉悦的工作环境。这种工作氛围能够促使员工更加热爱集体、关心同事、互帮互助。如果员工长期处于一个充满矛盾的工作环境当中，就会严重影响生产质量，严重的甚至会造成人才流失，致使企业的效益受到影响。

2. 目标理想激励

餐饮企业要依据现有的关于未来的长期、中期、近期目标，制定出相应的具体目标。根据不同部门的目标，相应部门中的层次不同、岗位不同、工种不同的员工也要制定出属于自己的工作目标。此种管理办法能够有效促进员工更加深刻地了解岗位职责，还能够使员工明晰自己在近阶段所面临的工作内容、进度和工作量等具体的要求，更好地激发出员工的竞争意愿，积极鼓励员工主动克服困难，成功实现岗位目标。管理者、员工的职业生涯的设计与践行是目标理想激励的实践。只要企业良性发展，各级人员的职业生涯规划便可望可即。

3. 榜样的激励

榜样的存在能为我们带来无穷的力量支持。不管是管理者在工作当中的以身作则，还是员工身边出现的各种先进人物的敬业精神等，无不激励着员工。在餐饮企业中，获得各种荣誉称号的员工的存在，能够在很大程度上对周围的员工产生正向影响。因而，为所有员工树立起一个厨房当中的业务骨干、技术精英、创新状元、节能高手等，值得厨房乃至整个餐饮企业管理者深入思考。

4. 荣誉的激励

无论是集体荣誉，还是个人先进，都能够在一定程度上积极鼓励人们克服困难，再创佳绩。餐饮企业通过适时、适当地组织员工参加相关机构组织的确有价值的知识、技能、绝活比赛，并最终为企业、为组织、为个人争得荣誉，将极大地激发和调动员工的积极性。餐饮企业内部应适时组织举办各类健康有益的活动，产生各项先进标兵，同样可以起到奖励先进、激励全员的效果。

5. 感情投资激励

在很多的餐饮企业厨房管理实践中，如果上下级感情融洽且工作氛围和谐的环境当中，工作任务能够更有效地被完成，甚至会出现创造性完成的情况；反之，则会出现较差的结果。这在很大程度上表明了，在对以手工劳作为主的厨房进行管理的时候，不但要以相关制度和规范对员工进行约束，还应当对员工加以重视和尊重，进行相应的感情投资。

在员工或者家庭出现困难的时候，企业内部的管理者以及厨师长等人应当对其进行关心，并积极帮助其克服困难，就能够促使员工对整个集体与领导等产生感激之情；若是厨房内的员工在遇到喜事的时候，能够收到来自单位或领导的祝贺，就会倍感振奋；若是员工对工作或者环境产生怨愤的情绪的时候，厨房管理者就需要使用合适的方式对其进行开导，以便能够消弭矛盾，避免事件扩大与矛盾的激化，甚至还能够借此增进双方的了解与感情。

6. 奖励和惩罚激励

精神或者物质的奖励与惩罚是十分有效的激励与管理的办法。对厨师长而言，可以建议上级对员工进行奖励的手段主要有以下几种：口头或书面表扬；调换到关键或能发挥更大作用的岗位；提拔晋升或推荐升级；安排部门内员工享受旅游、疗养等福利待遇；推荐员工外出学习、考察、深造，或推荐去国外饭店、驻外机构服务；给员工经济奖励；为员工子女解决入托、入园、入学问题；为员工办理相关保险，增强员工的生活保障等。除此之外，厨师长还能够利用自己的管理权向上级建议对部分员工进行行政纪律处分或经济手段的惩罚等。

值得注意的是，除了上述存在的面向员工的激励的方法之外，在厨房管理当中还存在着一些较为特殊的技巧能够对员工进行激励。

（1）沟通技巧

管理者借助有效的沟通能够帮助员工建立起归属感并获得上级的认同等。若是管理者做不好沟通的工作，就很难实现激励的目的，甚至会获得更负面的结果。

（2）多样化管理方法

管理者采用不同的领导方式会对激励工作，产生促进或者阻碍的效果。管理者可以重新修订对工作岗位的要求，或者采用工作的转换、增加相关工作任务、丰富工作内容等方法。

（3）解释技巧

基于员工的角度，管理者应对其进行各项规章制度的必要性和合理性的讲解与维护。

（4）倾听技巧

管理者要认真听取员工的意见，明确员工的需求。

（5）从员工的角度出发

管理者要将自己放置在员工的位置上面思考，积极探寻员工的个人需求，研究并分析怎样在工作当中使得员工的需求获得满足。管理者在看待问题以及处理事情的时候，应当积极探寻多种方式，支持并理解员工的想法，有效帮助员工更好地提高自身对于工作的热情。

（6）人际关系技巧

管理者要运用处理人际关系的技巧，建立和保持良好的同事关系，积极听取员工的意见。

（7）区别目标

与员工目标结合的是企业的目标，而不是管理者个人的目标。

（8）其他方法

需要明确一点，管理者能够寻找到多种办法为员工提供帮助。若是一种办法并不奏效或者难以获得良好的效果，就需要变换方法，而这也比那些一遇到困难就放弃的方法要好很多。

第三章　厨政进存环节管理

进存环节是指采购环节、收货与验收环节、储存环节，其中包括原料的发放。进存环节是餐饮经营环节中第一个重要的环节。本章从三个方面介绍厨政进存环节管理内容，包括采购工作与厨政管理、验收工作与厨政管理、原料处置与厨政管理。

第一节　采购工作与厨政管理

一、采购工作考虑要素

食无定味，适口者珍。菜肴口味如此，菜肴组合亦如是。顾客的心理需求不易把握，餐饮企业在生产与服务中需密切沟通配合，善于分析、发现顾客的需求并能及时给予满足，则可以创造惊喜，打动顾客。餐饮企业经营定位、餐饮风味选择、厨房菜品组合，都必须围绕特定市场，满足目标顾客的需求。只有这样，餐饮企业才可能存在和发展。

（一）餐饮消费者类型

整理、分析餐饮消费者类型对有针对性地选择餐饮经营市场、有目的性地选择组合菜品是十分有益的。综观餐饮市场，主要有以下几种类型的消费者：

1. 简单快捷型消费者

简单快捷型消费者所追求的理想服务是方便简洁的。简单快捷型消费者在接受服务时，希望能方便、迅速，并确保质量。他们大多时间观念强，最怕排长队或需长时间等候，讨厌服务人员漫不经心、动作迟缓、不讲究效率。针对这一类型的消费者，餐饮企业在餐饮经营中要处处方便客人，生产并提供简单、快捷、高效率、高质量的菜肴点心。

2. 经济节俭型消费者

经济节俭型消费者主要对餐饮的消费价格非常注重，倾向于消费价格低廉的产品。当前较为普遍的大众消费就属这种消费类型。这种类型的消费者一般非常节俭、精打细算，对于菜品的价格、菜品的数量、服务的价格非常注重，但是对于质量方面的要求则不高。对于就餐环境的要求是整洁、卫生，但不会计较装修是否豪华、大气。当前，餐饮市场出现大众化的发展趋势，经济节俭型消费者群体越来越庞大。因此，餐饮经营者、厨房管理者可以针对此类消费者选择菜肴点心、设计菜肴结构、确定菜肴售价，必须将经济实惠作为一个重要原则来考虑，否则将事倍功半。

3. 追求享受型消费者

追求享受型消费者的消费侧重点是追求精神生活和物质生活的享受。这种类型的消费者一般都具有一定的社会地位，或者具有一定的经济实力，他们将餐饮消费活动变成了显示实力和展现社会地位的一种行为，一般非常注重菜品的高档与否、就餐的环境以及服务的档次，不但希望品尝到名贵的佳肴，还希望享受到优质的服务，彰显其身份地位。针对这种类型的客人，餐饮经营者需要为追求享受型消费者提供可口、精致的菜品，提供一个非常高端大气的就餐环境。另一方面还需要为其提供高品质的、全面的服务。一旦菜品、服务都能令其满意，这样的客人成为回头客的可能性就很大。

4. 标新立异型消费者

标新立异需求的消费者非常注重菜品的独特、新颖，追求不同的服务体验，追求不同的就餐体验。标新立异型消费者大多数是青年人，或者是经常性在外用餐的人员，他们对于菜肴的价格并不十分关注，侧重点在于一些制作方法独特的菜肴，或者是新开发的菜肴，或者是使用非常稀有的原材料制作出的菜肴，或者是独特、别致、新奇的服务。就当前的消费者群体来说，在大城市中，标新立异型消费者的人数并不少，这也促使一些餐饮经营者不惜代价钻研、开发、努力制造新奇产品，投其所好。

5. 期望完美型消费者

期望完美型消费者非常注重追求精致的服务、精致的就餐环境、精致的菜品和餐饮企业的声誉，追求整个用餐环境的轻松愉悦，强调用餐带来的良好的心理感受。期望完美型消费者是典型的完美主义者，这种类型的消费者一般来说具有非常丰富的用餐经历，非常熟悉餐饮市场中的菜肴、各种服务和细微变化。期望完美型消费者选择用餐场所的主要依据是企业的信誉，这类消费者不能忍受脏、差、乱的用餐环境，不能接受不新鲜的食材，不能接受不真诚且怠慢的服务态度，但是他们不会苛求餐厅的设施和设备，不会苛求菜肴的价格。在他们心中，用餐的任何过程都应该是快乐、完美的。他们希望获得满意、愉快、舒畅的心理感受和美好的回忆。他们非常注重餐厅的综合实力，注意餐厅的经营氛围和信誉，对餐厅的社会形象也十分在意，任何经营上的错误或瑕疵都可能使这类客人却步。

在现实生活中，单一类型的消费者并不多见，大多消费者是兼备型的。追求服务的方便、快捷，注重菜肴的质量和价格的合理，获得良好的心理感受等，这是大多消费者的共同追求。因此，设计餐饮产品、选择组合菜品必须对这些因素作充分考虑。

（二）餐饮消费者需求分析

餐饮消费者的需求主要包括生理方面的需求和心理方面的需求，即物质需求和精神需求。这两方面的需求对消费者选择就餐场所和菜品都有很大影响，餐饮管理者对这两方面需求都必须认真加以分析。

1. 生理需求

人类最基本的需求就是生理需求，生理需求对于餐饮企业来说主要内容是：营养、风味、安全卫生等。

（1）营养健康需求

对于现代的消费者而言，在餐饮中越来越重视菜肴的营养，有着越来越重要的营养意识，非常重视饮食的合理搭配和营养均衡，同时也非常重视营养的粗细搭配、荤素结合。合理的营养来自每一天、每一顿的餐饮膳食，大多数外出就餐的客人希望餐厅提供的菜点能够营养均衡，甚至希望餐饮经营者将每道菜的营养成分及其含量在菜单上标注出来，方便其自主选择。餐饮管理者，尤其是菜肴设计者，必须具备基本的营养学知识，并能够结合客人特点进行菜肴组合，以科学的态度给消费者真切的关心和爱护。

（2）品尝风味需求

所谓的风味指的是用餐者在进行用餐的时候对菜肴的色、香、味、形等方面的总体印象，影响消费者进行菜肴选择的重要原因之一就是风味的选择。

每一位消费者都有自己的风味需求，有的消费者喜欢口味清淡的菜肴，有的消费者喜欢口味浓厚的菜肴，有的消费者喜欢纯天然的菜肴，追求原汁原味。餐饮行业的经营者和厨房的管理者为了更好地为消费者服务，提供让消费者满意的菜肴，需要对本餐厅的主要客源进行了解和调研，只有这样才能真正设计和制作出让消费者满意的菜品。一所门店、一个餐厅可以经营一种风味的菜肴，也可以为了满足不同风味的消费者，同时经营多种不同风味的菜肴。

（3）卫生安全需求

消费者对餐饮卫生方面的需求是立体的、多方面的，既包括餐厅提供的各类食品的卫生、餐器具的卫生、就餐环境的卫生，又包括生产、服务人员的卫生及操作行为的卫生。

食品卫生关系到就餐客人的身体健康。任何一个消费者对食用食品的卫生都极为关注，餐饮管理者必须严格执行《食品安全法》，严把食品卫生关，防止食物中毒事故发生。厨房生产人员、餐厅服务人员、外卖销售人员都应该养成良好的卫生习惯。

在安全方面，大多数客人对餐厅是信任的，认为在就餐过程中发生安全事故的可能性极小，尽管如此，经营者对于客人的安全问题也不可忽视。在餐饮生产经营过程中，蔬菜残留农药，菜点裹带杂物，将菜肴的汤汁不小心洒到消费者的衣服上，地面太滑造成消费者受伤，消费者使用餐厅提供的破损的餐具被划伤，餐厅的悬挂物掉落砸到客人等这种突发性的、偶发性的事故也会出现。一旦这些事故发生，造成的后果往往都非常严重，给经营者带来经济损失还在其次，更重要的是可能会造成企业名誉、形象上的损失。因此，安全管理、安全环境的营造同样是至关重要的。

2. 心理需求

心理需求表现为顾客的心理舒适程度，具体包含以下几个方面的内容：

（1）感受欢迎需求

任何一位消费者在走入餐厅就餐的时候都希望自己可以受到餐厅应有的礼遇，希望一走进餐厅就有迎客员、服务员礼貌的问候，处处感受到"宾至如归"的接待，这些都是客人感受欢迎需求的具体表现。客人感受欢迎的需求还表现在希望得到的服务是一致的、平等的。因此，在餐厅的接待服务中，最好避免出现对关系户、熟客、高消费客人优先照顾和服务而忽视、冷落其他普通客人的情况。餐厅的接待服务需要兼顾到餐厅中所有的消费者，也需要对重点消费者做好服务，只有对两者进行平衡才能保证消费者群体的满意，否则很容易导致客人出现不满情绪，使得餐厅受到消费者的批评。因此，餐厅服务人员在服务过程中必须做到一视同仁，不能让任何一位客人感受到冷落和怠慢。

感受欢迎需求同时表现为消费者愿意被了解、被认识。当消费者听到服务员用其姓称呼他的时候，当消费者发现服务员对于自己的菜肴喜好、座位喜好如数家珍的时候，消费者就会对该餐厅产生好感，这也会让消费者感受到自己在该餐厅受到了重视、关怀和礼遇。

（2）受到尊重需求

对于大部分的消费者而言，受到尊重是其重要的心理需求。在餐饮服务中，消费者主要希望得到宗教信仰、风俗习惯、个人人格等方面的尊重，在得到尊重之后获得心理上满足和精神上的慰藉。一是餐厅服务人员的行为举止是否亲切、端庄，语言是否得体、礼貌，礼节是否到位；二是菜品是否满足消费者的心理，是否顾及消费者的信仰；三是餐厅的服务人员是否可以主动为消费者提供服务，是否热情、进行微笑服务等。

（3）享受舒适需求

大部分的消费者希望可以一边品尝美味、精致的食物，一边放松在工作中紧绷的精神，因此，消费者希望餐厅的就餐环境、服务和菜肴可以让其身心得到享受和满足。餐厅要满足消费者的这些需求，不仅需要注重提升软件设施，还需要提升硬件设施。为了给消费者带来完美的身心就餐体验，餐厅一方面需要为消费者提供优质的菜品，满足消费者对于食物的品质追求；另一方面要在装修、设计、装饰等方面进行提升，让消费者在视、听、嗅、味等感知觉上拥有舒适、愉快的就餐体验。

（4）"感觉值得"需求

感觉值得、追求物有所值是绝大多数餐饮消费者的普遍心态。在高档饭店、高档会所、高级餐厅，消费者期望餐厅所提供的一切实物产品与服务都要豪华气派、与店家的规格档次相吻合。他们不怕价格昂贵，只要求钱花得值得。他们希望在这些餐厅能够享受到高档食品原料制作的精美菜肴，享受到餐厅豪华、典雅的气氛，以及优质、规范的服务。

相反，对于一些追求物美价廉的消费者来说，他们更多的是希望餐饮产品经济实惠，少花钱，对菜肴的价格比较关注，对服务人员的服务态度也比较敏感。因此，餐饮经营者必须根据不同客人的不同需求，设计出与之相应的餐饮产品。销售员、点菜员、服务员在向客人推荐、介绍菜肴产品时也要注意，针对不同需求的客人推荐适合的产品。

（5）获得愉悦需求

顾客在进行餐饮消费时，普遍希望服务人员热情、诚恳、文明、礼貌、关心客人、理解客人，使客人获得精神和心理上的愉悦。餐厅服务员的服务态度对满足顾客的精神和心理需要有着决定性的作用。一般来说，优质的服务由优质的功能服务和优质的心理服务构成。在面向消费者针对饮品进行介绍的时候，服务人员可以进行准确、恰当的介绍，这就涉及功能方面的问题；在面对消费者进行介绍的时候，服务人员可以始终镇定自若、彬彬有礼，这就涉及心理方面的问题。心理学家费洛姆说："谁能自动'给予'，谁便富有；'给予'并不是丧失、舍弃，而是因为"我"存在的价值正是给予的行为。"服务应能够提供顾客心理需求得到满足的感受，使客人觉得服务人员热情周到，从而使客人感到愉悦。

除上述心理需求以外，客人的心理需求还包括显示气派的需求、追新求异的需求等。餐饮管理者在生产、经营和服务过程中，必须认真研究顾客心理，设计具有针对性的产品和服务方式，努力使顾客在生理和心理上都能获得最大限度的满足。

二、设备采购工作管理

（一）厨房设备采购原则

在厨房生产运作中，厨房设备是必不可少的物质前提。所谓的厨房设备主要指的是为了保证烹饪生产运作顺利进行，与厨房加工、烹调、配份有关的各种器械。

"工欲善其事，必先利其器。"在餐厅中，主要制作食物的场所是厨房。为了保证餐厅的正常运转，保证菜肴的美味和快速出餐，就需要配备各种设备，如加工设备、切割设备、烹调设备、储藏设备等。厨房的设备先进、齐全是厨师们的理想，也是高品质菜肴生产所必需的。因此，掌握厨房设备选择原则，了解各类设备性能，便成了现代厨房管理的必备内容。厨房设备林林总总，有的坚固耐用、有的细巧花俏、有的方便实用、有的功能落后。厨房设备选择应掌握以下原则：

1. 安全性原则

对于厨房生产而言，最重要的前提条件是安全。厨房设备应该具备安全性，主要体现在以下几个方面：

（1）厨房环境

在选择厨房设备的时候，出于对设备布局的环境考虑，必须要考虑安全因素。厨房环境相较于餐厅的其他环境来说较差，在厨房中会有很多因素会对设备产生不利的影响，如水的影响、蒸汽的影响、煤气的影响和空气湿度的影响等。因此，管理者在选择厨房设备的时候，应该选择具有防水功能、防潮功能、防火功能、耐高温、防浸蚀功能、防湿气干扰、性能先进的厨房设备等。

（2）厨房设备的安全性

管理者在购买厨房设备的时候不仅要考虑厨房设备要质量可靠、设备稳定，还需要考虑厨师的操作安全问题。相较于餐厅的设备、客厅的设备，厨房设备的使用者大多为体力劳动者的厨房员工，他们工作强度非常大，因此，干活儿力气很大，动作非常猛。鉴于这种情况，管理者在选用厨房设备的时候应该考虑厨房设备的安全系数，要使厨房设备容易操作、具有先进的功能，满足厨房工作者的工作要求。

（3）厨房设备还应该符合卫生安全的相关标准

大部分的食品都会直接和厨房设备接触，因此厨房设备的卫生安全关乎食品安全，进而与消费者的健康挂钩。厨房设备的使用材料、设备的操作运行都需要考虑是否会对食品造成间接或者直接的污染。具体来说，在卫生安全方面，对厨房设备进行选择的时候应该从以下几个方面进行考虑：

①与食品直接接触的厨房设备表面不能有裂痕、破损，应该是平滑的。

②在食品与设备接触的表面的角落和接缝处应该是容易清洁的，否则容易造成卫生死角，滋生细菌。

③与食品接触的厨房设备的制作材料应该是由无臭、无毒、无吸附性的材料组成，不对食品安全造成威胁，同时可以在厨房设备上使用清洁剂。

④与食品接触的厨房设备的表面都应该是容易清洁和容易保养的。

⑤厨房设备中禁止使用会对食品安全和食品质量造成影响的材料，如含有毒金属铅、镉或此类材料的合金。除此之外，也不能使用非食用级的塑料材料。

2. 实用、便利性原则

管理者在对厨房设备进行选择的时候，应该考虑实用性原则和便利性原则。对于厨房设备来说，设备的外表是否新颖独特、设备的功能是否全面、多样都不是必要的条件，只有厨房的实际需要才是在选择厨房设备的时候真正需要考虑的因素。厨房设备在选用的时候的重要条件应该是使用简单，可以对其功能进行有效的发挥。设备的功能应该遵守实用性原则，同时还要保持设备具有使用上的便利性和维修保养上的便捷性，比如烹调厨房使用频率极高的炉灶，厨师在炒菜时往锅里添加投放调料的同时还要兼管（调节）火候，一定方位、相对固定、向前伸出的炉火调节阀就很方便厨师的协调生产。先进的可倾式蒸汽锅为方便锅内物品的倒出和清洗带来了便利。

厨房所购设备首先应满足厨房生产的需要，然后要考虑是否符合本饭店的各种条件，具体如下：

①需要考虑厨房设备的体积，厨房是否有足够的空间使厨房设备可以顺利打开门，进行使用。

②有的厨房设备非常重，当前的厨房地板、楼板能否承受这样的重量。

③厨房设备所需要的包括电力、蒸汽、煤气、冷热水在内的热能是否可以得

到供应。厨房设备并不一定都固定不动，有些设备要能分解、拆卸，易于清洗与维护。

有些现代厨房设备虽然性能优良，但结构复杂、技术要求高，因此要考虑设备的维护、保养和修理的方便性。设备的维修一方面与设备的设计有关另一方面要看出售该设备的公司的售后服务是否周到、及时、可靠，易损件能否保证供应，还要考虑本地区、本饭店的维护技术力量。如果现有的技术人员缺乏保养维修该设备的技术，那么即使设备价格不高，一旦买下，餐厅可能就要付出较高的保养维修费。管理者对于这点应该有所考虑。

3.经济、可靠性原则

购置厨房设备必须考虑经济适用，特别要对同类型的厨房设备进行全面的、深入的分析，包括设备费用效率分析、收益性分析，争取使用最恰当的投入来配置最适合的、使用效果最好的、与本餐厅最搭配的厨房设备。

厨房的工作环境湿度大、温度高，经常性地搞卫生还可能要求设备移动或清洁剂的频繁使用，这些都会腐蚀厨房设备，鉴于此，管理者在采购厨房设备的时候还需要考虑厨房设备的使用材料具有耐用性、牢固性、可靠性，即设备持久耐用，具有很好的抗磨损性和抗压力性。现代厨房设备大多采用不锈钢材料。不锈钢耐冲撞、耐腐蚀，不会被细菌、水分、气味、色素等渗透，符合食品卫生条件，管理者在购置时要善于识别。

对于厨房设备的机械部分，管理者也应考虑其耐用性可靠性，否则将会增加维护费用。

4.发展、革新原则

进入 21 世纪，管理者选择厨房设备应该有时代观念。厨房所选用的厨房设备的功能应该是超前的，对于即将被淘汰的、落后的厨房设备切不可再采购。与此同时，管理者还应该考虑厨房设备的环保性和可持续发展性。当今是不断发展变化的时代，因此管理者在选择厨房设备的时候需要考虑到技术的不断更新，厨房设备能否跟随时代的发展变化而不断改造、升级。例如，厨房的排油烟设备应尽量选用集清洗、过滤、抽排油烟于一体的烟罩；厨房餐具保存柜尽量选择配备贮存、干燥（防菌、杀菌）功能合而为一的橱柜等。

（二）厨房设备采购后管理工作

从事厨房生产的前提条件是厨房设备的配备。要想保证厨房生产的有序性和连续性就需要保证厨房设备可以高效、良好运行，一方面，厨房设备的高效、良好运行，可以让餐厅产生经济效益；另一方面也可以减少维修厨房设备的成本，保证餐厅的长远、可持续发展，保证餐厅经济效益达到理想的状态。所谓的厨房设备管理主要指的是通过采取相应的措施，调动各个方面的积极因素，对厨房中的各种设备的性能定期、主动地维护、保养、管理，保证厨房的正常运转，保证餐厅的正常运转。

1. 设备管理意义

对厨房设备进行有效管理，不仅可以满足餐厅正常的生产需要，而且还能保证餐厅员工的生产安全，保证餐厅的经济效益。对厨房设备加强管理，主要有以下重要意义：

（1）企业与员工安全生产的前提是良好的运行设备

要想降低事故安全隐患，就需要保证厨房设备的良好运行。厨房员工要严格按照操作规程来使用各种设备，保证生产设备的操作方便，便捷生产，只有这样才能保证员工与企业的安全与利益。与此同时，良好运行的设备也可以减少因为设备损坏、陈旧以及超负荷运行、损坏依旧运行带来的安全生产隐患，保证员工与企业的安全。

（2）厨房生产有序进行的基础是设备的正常运行

在餐厅中，厨房的生产活动是一个不断重复、具有连续性、周而复始的过程。为了及时满足消费者的用餐需求，保证餐厅顺利开餐，厨房需要有计划地完成原材料的加工、储存一定的半成品、适当备料。以上这些工序都是建立在良好运行的厨房设备基础之上的。由此可见，正常运转的厨房设备可以使厨房有计划安排生产和加工，缩短产品的制作时间、避免原材料的浪费，保证餐厅正常的生产经营活动。

（3）对厨房设备进行管理，可以有效节省企业的维修成本

从餐厅收支角度来说，厨房设备的维修费用主要是饭店净利润的流失。在厨房管理中，可以通过控制设备的维修频率和维修的程度来控制成本。厨房设备一旦出现损坏，进行维修，那么直接增加的支出就是设备的维修费用、设备的材料

更换费用，间接费用是指对材料的组织、购买的各项支出费用。因而，对于厨房设备加强管理、对设备进行维持、保养，提高设备的完好率有利于控制设备的成本和设备的费用。

2. 设备管理要求

就管理来说，厨房设备管理是一项长期性的、日常性的、持续性的、具体的管理工作。厨房设备管理有效性的发挥需要对以下工作做好综合管理：

（1）制定设备管理制度

以厨房生产以及各岗位工作的特点为依据，制定具体、切实的设备管理制度，对主要的设备资料档案和具体的厨房设备操作流程进行完善，这也是厨房管理工作最基本的内容。厨房设备包括各种各样的设备，这些有着不同的功用、有着不同的使用频率，加上设备使用者对有的厨房设备也没有办法固定，这就需要建立健全明确的、细致的、严格的规章制度，保证设备在使用方面、在保养方面和在维护方面都有章可循。

餐厅对于厨房设备的重视也可以从厨房设备管理制度中体现出来，厨房设备管理制度明确规定了厨房员工要对各种设备进行正确的操作的责任和义务，要求厨房人员精心呵护厨房设备。基于此，餐厅需要对员工进行系统的、针对各类厨房设备管理制度的培训，让员工可以高效、规范地使用厨房设备。

（2）制定设备操作和保养规程

每一台厨房设备都有自己的操作流程和操作规范，对厨房设备的正确使用是必须按照设备操作所规定的顺序来严格进行的，严禁违规操作设备。厨房人员在使用厨房设备的时候，需要严格按照产品的说明书进行规范的操作。一般来说，厨房设备的操作使用规程有以下内容：

①在厨房设备使用之前的检查工作。

②厨房设备操作的使用流程和程序。

③对厨房设备进行停机检查及操作。

④与厨房设备安全相关的操作注意事项。

设备的正确使用关乎设备的运行、设备使用的寿命，设备的日常维修与保养也会影响设备的正常运行和使用寿命。大部分厨房人员对于设备只使用却不注重维护保养，这是厨房设备频繁出现问题、易损坏的主要原因。为了延长厨房设备的使用寿命，保证设备的正常运行，厨房人员需要经常对每台设备进行定期的维护和保养，在进行保养的时候应严格遵循说明书上的操作规范。厨房维护保养的规程主要有以下内容：

①设备的日常保养。

②设备的周期保养。

③设备的定期维护保养。

3. 明确设备管理责任

为了解决过去的厨房设备由大家共同负责而导致在实际中没有人关心设备质量的问题，需要将厨房设备的责任进行明确，设立专门的部门或者指派专人专岗来负责设备的维护和保养，只有这样才能保证厨房设备的长久使用。对于厨房设备的管理可以根据设备的布局、岗位、人员情况、使用部门等来进行合理的分工，明确个人责任。

4. 健全设备维修体系

尽管已经有了明确的分工，也会对设备进行及时的清洁和维护，但是设备的损坏问题还是会出现。因为设备的损坏一方面是由于长时期的人为操作导致的磨损等问题；另一方面是由于设备随着时间的推移也会出现零部件的老化和损坏，因此需要定期进行维修和零部件的更换。为了维护厨房正常的生产、保证厨房设备不会因为维修不及时导致损害程度加深，进而出现维修成本增加的现象，需要对厨房设备进行科学、有效的管理。

5. 适时更新添置设备

餐厅应该定期为厨房添置、更新先进的、操作方便的厨房设备，一是可以提高厨师的生产积极性、减轻厨师的劳动强度；二是对老化的设备进行更新，对超过使用年限的设备进行更换，可以保证厨房生产的顺利进行，保证产品质量的稳定；三是可以缩减维修成本，频繁对老设备进行维修会产生很高的维修成本。

（三）厨房设备采购后管理原则

厨房的设备管理应该是方便生产的，可以减少对设备的损坏，具体管理原则有以下几个方面：

1. 预防为主

厨房设备的管理应该遵循预防为主的原则，在日常的使用中多检查、多留心，定期进行保养，将使用与维修保养相结合，不能养成用者不管、管者不查、坏了报修、坏了再买的恶性循环；在平时应该加强对厨房设备的定期检查与保养，保证设备的完好，尽可能延长设备的使用寿命，减少损坏的现象。

2. 属地定岗

应该对厨房设备的责任进行明确，可以以设备所在地作为划分责任的依据，对设备的清洁、看护、保养的责任进行明确，保证设备的正常清洁、维护和保养。员工在下班之前应该检查自己所负责的厨房设备的完好情况和清洁情况，并主动接受管理者的监督，共同维护设备的正常运转。

3. 追究责任

当厨房设备出现损坏的时候，管理者需要对设备进行维修，同时也需要对设备的损坏原因进行调查和研究，如果发现是人为损坏则需要找到破坏的当事人，对其进行教育和再培训，损失情况严重的需要让当事人进行赔偿。不顾及成本、不断进行维修不仅对餐厅的发展不利，也不利于员工的成长，更不利于厨房风气和规范的形成。

（四）厨房设备采购后管理方法

在遵循设备管理原则的基础上，对于不同类型的厨房设备应该采用对应的设备管理办法，以下列举几种厨房设备进行具体论述：

1. 冷藏设备使用管理要点

①电源电压不能过低。一般来说，电源的允许电压在 5% 上下进行波动，如果电压太低，就会导致电动机的转矩减小，导致很难启动电动机。

②严禁冰箱内长时间不除霜。工作一段时间的冰箱会在冷冻室内外产生一层的凝霜，需要定期进行清理，因为，凝霜会覆盖在冷冻室壁的吸热管上，这会影响管道吸收周围热量。

③不能将热的食品放入冰箱。如果将温度很高的食物放到冰箱里，就会使冰箱内的温度突然增高，这就会导致长时间的压缩机运转，会使冷冻室的结霜速度增快，还会费电，增加运营成本。

④严禁碰损制冷设备的管道系统。冰箱制冷管道非常长，可达数十米，并且在这么长的管道中最细的管道外径只有 1.2 毫米。在对冰箱进行拆装、搬运中很

容易出现磕碰问题，进而导致管道出现开裂、破损的现象，导致冰箱电气系统出现故障或者出现制冷剂泄漏问题。

⑤在运行中的冷藏设备不能随便、频繁切断电源。

⑥在对容易冻结的物品进行冷冻的时候，应该使用铁架进行放置。当出现冻结现象的时候，如果不着急使用，则可以通过除霜将物品拿出来；如果着急使用，则可以用温毛巾放在冻结的部位，使之化开。

⑦冰箱在运行中，应尽量减少开门次数。冰箱门频繁打开、打开的时间过长、冰箱门关不紧等问题都会使得冰箱内的冷气发散出来，使得冰箱出现不易制冷的现象或者导致压缩机运转时间太长。

⑧存放物品的限制。不能将酸、碱和腐蚀性化学物质放置在冷藏冰箱内，也不能将气味大的物品放置在冰箱中。

2. 蒸汽炉具的使用管理要点

在对蒸汽炉具使用的时候应该着重注意以下几个方面：

①在使用蒸汽炉具之前，应先检查阀门是不是完好无损的、出汽孔是否正常出气、压力表是不是正常。

②对于蒸汽炉具应该严格按照操作规程使用。

③当蒸汽炉具加热完成以后，需要将蒸汽阀关掉；当炉具内还有压力的时候，需要等到压力降到零之后才能打开。

③在每班结束前要对蒸汽炉具进行清洁。

蒸汽炉具的维护与保养应该从以下几个方面入手：

①对蒸汽管道的保温情况进行定期的检查。

②对蒸汽炉具每周一次进行检查，看看阀门是否存在松动、漏气的现象，如果出现问题要及时进行检修。

③对减压阀也需要每周进行检查，并对减压阀进行清洁，保证其正常运作。

3. 电烤箱的使用管理要点

①要根据食物的种类选择电烤箱的使用温度。

②用铁丝架对食物进行烧烤的时候，可能会产生油汁和碎屑，可以放置烤盘，以保持烤箱的清洁。

③对电烤箱进行清洁的时候，对于其内部和透视镜上的脏东西，可以使用中

性洗涤剂用湿布进行擦洗，不能使用坚硬的物品进行擦拭，也不能使用酸碱等擦拭。值得注意的是，电烤箱的内表面具有热量反射作用，如果出现损坏和不干净就会影响烤箱的使用，造成烤制时间延长，影响烘烤的成效。

④在使用电烤箱进行烘烤的时候，应该在烤箱达到一定的温度之后再将食物放进去，保证箱门非常严密。当电烤箱烘烤食物的时候，应该避免经常打开箱门。

⑤电烤箱在放置的时候应该远离水源，避免受潮。

⑥电烤箱应该每天进行清洁，对于箱体外部，可以用柔软的布和肥皂水进行擦洗，之后用干布擦干净；对于烧盘、烤架，可以使用肥皂水进行清洁，在清洁之后使用干布擦洗干净，对于残留的物质不能用金属来刮除。

⑦对于电气线路的绝缘情况，需要每半年进行一次检查，查看接地是否良好，烤箱门在关闭的时候是否很严密，对于有风机的烤箱还需要定期对转动的部分加注油润滑。

4.电温藏箱使用管理要点

①对于电温藏箱要保持适宜的温度，一般来说保持65℃。如果低于这个温度，那么一些食品的腐烂速度比放在外边还要快，但是温度太高也不行，会导致食物出现脱水的现象。因此，可以在箱内拿器皿放置一些开水，保持箱内的湿度。

②对于有异味的食物应该用保鲜膜进行包装，防止与其他食物串味，需要对电温藏箱进行定期的清洁擦拭，避免细菌污染的出现。

③对于电温藏箱进行清洗的时候，不能直接用水冲洗，因为电温藏箱的电气部分是不能有水的而电温藏箱的四周也是填充的保温材料，这部分也是怕水的。

三、原料采购工作管理

（一）原料采购与厨政管理关系分析

1.厨房生产的重要物资保证就是原料的采购。采购部门主要负责厨房原材料的采买，因此，厨房和采购部门之间需要加强联系与沟通，对原材料的库存进行核对，对原材料的采购规格进行标明，厨房需要每天向采购部门提交采购申请单。

2.采购部的工作需要厨房工作人员的协助。对采购部制定的采购质量标准，厨政管理者有权威的发言权，并对采购原料的质量、时间等提出反馈建议。厨政管理者熟悉原材料的各种专业特性，采购部的人员十分熟悉原材料市场的变化。只有两个部门有效的沟通与合作，采购工作才能圆满完成。

（二）厨政管理对采购工作的指导

厨政管理者指导采购工作是多方面的，其根本是围绕着厨房产品的制作和企业的经营成本而展开的，包含以下几方面内容：

1. 协助采购工作制定采购质量标准

对于采购工作而言，采购质量标准是采购工作的重要组成部分。为了保证餐厅服务的质量保持稳定和提升，就需要对餐饮产品的质量进行把控，其中关键是对原材料采购的品质控制，在质量上要始终保持一致。鉴于此，需要制定相应的原材料采购质量标准，这是保证产品质量的重要前提。采购工作重要的不是谁进行采购，而是执行采购任务的人必须具有足够的专业知识。采购工作离不开厨政管理者的协助。

（1）质量标准

质量标准也称为规格标准，主要指的是对所采购的原材料，根据餐厅的需要，作出的准确、具体、详细的规定，例如，原材料的等级、性能、原材料的产地、个数、大小、色泽，还需要考虑原材料的肥瘦比例、包装要求、冷冻状况、切割情况等方面。值得一提的是，对于一些成本高的原材料，比如高档的鱼类、肉类以及高档的鱼翅燕窝之类的原材料，餐厅要制定相应的采购标准，避免采购品质不好而造成浪费、损失成本。

（2）质量标准的形式与内容

质量标准的形式可以采取卡片的形式，可以将以下的内容反映在卡片上：

①食品原料的名称。

②食品原料的用途。

③与食品原料有关的性质和质量的说明，关于这类说明应该保持简练和明确，不能用模棱两可的词汇进行标注，比如"少许""较好""一般"等。

④食品原料的检验程序。

⑤食品原料的特殊指示和要求。

2. 与采购部进行沟通并了解市场原料动态信息

餐饮业市场竞争日趋激烈，了解掌握市场原料动态信息对提高企业的经营效益越来越明显和重要。谁先使用新原料、制作新品种，谁就会率先占领市场，赢得新一轮的市场份额。因此，厨政管理者、采购人员要密切注意市场原料动态信息，还要从供应商那里获得大量有助于营业决策的信息。比如，适用的新品种有些什么，一家供应商拥有哪些有助于解决某些经营问题的原材料等等。由于供应商在许多家餐厅推销，他们可以为某家餐厅的经理或厨政管理者提供一些对本餐厅有实际利用价值的参考建议。除了上述一般性的信息以外，厨政管理者还可以从多渠道收集一些具体且明确的建议。例如，下个月菜油的行情如何，如果价格将上涨，那么现在就应当大量购进；如果价格将下跌，现在就应当观望等待。

（三）原料采购方式与程序

厨房工作的重心就是生产优质的餐饮产品，优质的原材料是重要的前提条件。在餐饮产品生产的过程中，首要环节就是采购餐饮产品所需的原材料。原材料主要根据餐厅实际的生产需要和生产计划进行采购，应该尽可能以最低的价格来购买高品质的原材料，这样才能获得生产的最大效用，满足生产与消费的需要。清代文学家、著名的美食鉴赏家袁枚在《随园食单》中说："一席佳肴，司厨之功居其六，采办之功居其四。"由此可见，烹饪原料对餐饮产品的质量影响甚大，否则再高明的厨师也难达到质量最佳的境界。餐厅餐饮产品的质量与原材料的质量有着直接的关系，对各种合格原材料的采购有利于厨房的生产经营，这关乎最终的产品质量。

部分管理学家认为：一个好的采购员可为企业节约 5% 的成本。可见，餐饮企业的采购员代表着餐饮企业的整体利益，其手中掌握着企业的一部分资金。因此，采购人员除了要具备一定的业务经验外，还应该具备良好的职业道德。

中国有句俗话是"巧妇难为无米之炊"，说的就是原料在烹饪中的重要性。如果没有原料或者原料质量不符合烹饪的要求，那么再先进的设备条件、再高超的厨艺也无法制作出美味的佳肴。因此，原料在整个烹饪生产环节中具有举足轻重的地位。

1. 原料采购的方式

用于厨房生产的原材料是多种多样的，因此有着不同的采购方法。采购方法的选择需要根据厨房的生产规模、原材料市场的供给情况进行综合考量，这不但可以降低餐厅的运营成本，还能提高原材料的质量。因此，要想保证厨房生产的顺利进行，需要采用不同的采购方法，常用的采购方法具体如下：

（1）供货商直接配送法

供货商配送法主要以厨房的货源结构为主要依据，通过专业的供货商来满足原材料的供给，由供货商根据饭店的需要进行一次性配送。对于供货商的选择，一般会通过市场调研的方式以及供货商竞争报价的方式来选择，并且对于供货商的选择还需要考核供货商的实力、信誉、性价比等方面的因素。在这种采购方式中，双方会达成一致性协议，签订合同进行采购。这种供货方式比较快捷，在一定时期内货源的价格也比较稳定，适用于一些餐饮企业用量比较稳定、数量较大的大众化原料的供给，能够保证供货商提供可靠稳定的货品。当餐饮企业遇到质量问题时，可以有明确的责任承担者和索赔对象。同时，由于受合同条款的限制，采购人员舞弊的可能性会降到很低。但是，一些季节性较强、价格在一定周期内起伏较大的原料，并不适合用这种供货方法。

（2）市场即时购买法

所谓的市场即时购买也称为实地采购，主要指的以当日的市场行情为依据，有选择性地采购所需要的食品原材料的一种采购方法。市场即时购买具有灵活性，主要适用于一些不易保存的原材料和一些价格浮动比较大的原材料，例如，具有季节性的时令果蔬、时令水产品等。其优点是原料新鲜，当日购买，当日使用，而且随着上市季节的到来，价格逐渐便宜，这样既降低了原料采购的成本，又能较好地保证原料的质量。市场即时购买主要有两种，一是本地采购；二是外地采购。

①本地采购。一般来说，本地采购是一般餐饮企业常常使用的一种有效采购方法，尤其是对于大型的餐饮企业而言更是如此。但是，很多大型企业会采用供应商供货，对于本地市场价格的变化并没有深入了解，被供应商左右价格的情况时常出现。餐饮企业适时地采用本地采购可以及时了解市场行情，约束供应商的不良行为，同时还可以为厨房提供最新的原材料信息。

②异地采购。与本地采购相反，异地采购是指需要到外地或者产地进行采购

的方法。这种采购方法的不足是需要到外地采购，需要支付交通费用，还会有人工成本。这种采购方式的优势也很明显，可以减少很多的中间环节，并且与市场价格相比，原材料的价格更低廉。总体上来看，采购的成本是较低的。这对大型的餐饮企业、连锁企业非常合适。比如，上海、杭州的一些大型餐饮企业和一些知名的连锁餐饮，都到广州、福建、大连等地进行海鲜原料的实地采购，一般可以节省 1/3 的原料成本。

（3）预先购买法

一般情况下，通常在传统节日到来之际，比如端午节、中秋节、元旦、春节、元宵节等重要节日前夕，食品原材料的价格会上涨。另外因为气候因素，特别是到了冬季，雨雪季节来临，价格也会上涨。鉴于此，作为饭店的经营者应该具有前瞻意识，比如在天气变化之前、节假日之前，根据餐厅的具体情况，有计划有选择地进行材料的采购与储存，一方面可以满足正常的餐厅生产经营；另一方面也可以降低原材料的采购成本。但是，在采用这种采购方法之前，必须考虑到以下几点：

①一次性采购的原料数量要能在保质期内使用完毕，否则不仅节约不了成本，反而会造成不必要的浪费。

②餐饮企业要具有一定的储存条件，如果储藏条件好，则采购量可以适当大一些；但是，如果没有成熟的储藏条件，则尽可能不采用这种采购方式，或者少采购原材料，避免对原材料的浪费。

③确保原料储藏后质量不会降低。

④原料必须耐储藏。例如，干货制品、调味料、大白菜、土豆、胡萝卜、洋葱，以及一些鸡肉、鸭肉、牛肉、羊肉等。

（4）批发购买法

在厨房的生产中或者员工的生活中，有些原材料是需要大量使用的，对于这种类型的原材料一般采用批发购买法，以便获得较低的价格，同时还能保证产品的质量。例如，员工餐所用的大众化的蔬菜、特色菜肴的原料、特色经营的酒店如海鲜馆等所用的海鲜都可以运用批发的方式来采购。

（5）综合购买法

随着餐饮行业的不断发展，在对以往经验进行总结的基础上，很多的宾馆、饭店进行了探索和经验总结，在此基础上形成了自己独特的采购方式。很多的餐厅一般会采用多种采购方式进行采购活动，这样一方面可以保证原材料的质量，另一方面还能获得能接受的原材料价值，降低了产品成本。有些餐厅为了寻找一些能长期、稳定地提供某些原材料的供货商，会进行开发性的巨额投资，以此来保证有优质和稳定的货源，比如承包蔬菜种植园、兴建养殖场等。例如，火锅连锁店的羊肉供给就是该企业发展养殖业的模式。企业招聘牧民养殖羊，宰杀后的羊毛、羊皮所卖的价格就已经冲抵了养殖羊的成本，所以该企业号称是无成本经营，其经营价格优势相当明显。

另外，经营状况比较好的饭店扩张的速度也比较快，如一些集团饭店、连锁饭店。由于它们的规模庞大，使得其日常的用货量也非常巨大，采购也就出现了新的形式，即联合采购、集中采购、合作采购或者企业自己成立专门的配送中心等。以上这些新型的采购形式的最终目的仍是为了降低整个企业生产运营的成本，保证企业通过大批采购来获取低价格的原材料采购，扩大生产经营的利润。

2. 原料采购的程序

具有一定规模的饭店选择的供货途径一般都是以供货商配送货物上门为另主、以自由零散采购为辅的原料供给方式，以此提供厨房中所需要的各种生产原料。为了保证厨房生产的正常运转，并购买到质量优质、价格合理的原材料，饭店要制定一套严密的采购程序。原料的采购有两个步骤：一个是订货，一个是购买。

具体来说，原材料的采购还可以分为六个步骤，一是递交原料采购申请单，二是处理采购申请单，三是订货，四是实施采购，五是送货验收，六是付款。这些步骤构成了完整的采购流程，每一个步骤的操作具体如下：

（1）递交原料采购申请单

厨房和仓库是餐饮企业中对原材料进行订货的部门。厨房主要对直拨材料的订货进行负责，也就是负责鲜活原料的订货。具体做法是厨房的各生产班组如切配间、冷菜间、点心间等部门负责人，在当天营业结束前，根据每天的营业情况、菜点品种的销售情况和客人预订用餐情况，结合餐厅所用的各种菜单及各种原料的库存情况，以各生产岗位为单位，将隔天所需原料填写购货单，交厨师长审阅签字（需特别强调的是，厨师长应充分发挥其监督作用，在每天营业结束前，彻底检查各生产点的库存情况，对各个生产点第二天需要多少货、需要什么品种做到心中有数。厨师长的签字是一种责任，而不是一种形式），经有关领导复审后，再交给采购部门进行采购。

仓库负责仓领原料（如干货、调味品、冻制品以及厨房使用的物品等）的订货。由仓储人员根据平时各种原料的应用量和周转周期，提出采购申请单，及时补足必要的存货量。现今的市场货源充足，除了特殊原料外，一般原料不提倡有太多的库存，以一次进货使用一周左右为一周转期。因此，仓库负责人在进行采购前一定要清楚地了解各种物品库存的最低限量。所谓库存的最低限量，是指为了减少资金积压，能保证厨房正常供应的订货库存量。库存的最低限量的确定主要考虑各种物品的每日消耗的数量、进货难易程度、物品的保质期限、从订货到入库的时间等因素。一般只有现存货数量接近或达到最低限量点时，仓库保管员才会填写申购单，这样可以大大减少资金的占用。

（2）处理采购申请单，及时订货

在厨房和仓库将签字的采购单拿到采购部以后，采购部要及时对采购单进行整理、归纳、统计，按照厨房所需原材料的类别进行划分，如蔬菜类、水产类、肉类等，根据所统计出来的各部门所需要的原材料的种类和数量来制作订货单，与相应的供货商对接，进行订货，对于常用原料和大宗、贵重物品的采购通常会采用不同的申购单。

（3）实施采购

采购部门以供应商提供的报价表为依据，在选择供应商时需要考虑其资金实力、供货实力、供货信誉供应商基本情况等，选择符合餐厅条件的供货商。对于厨房订的鲜活原料，采购部门直接开物品领用单，由厨师长签字后，直接交予厨房。对于仓库订的货，采购部门开入库单后交予仓库进行保管。

（4）处理票据、验货与付款

厨房主管及收货部需要对供应商提供的原材料进行验收。在验收完成之后，验收人还需要进行以下工作：

①根据收到的原材料实物开具具体且详细的验收单。

②对原材料的价格进行核算，在与供应商发票核对没有出入之后可以在发票上签字。

③验收人员将供货的发票和验收单交给采购部。采购部将票据交给财务部，财务部在核算无误之后在合同规定的时间之内支付货款。

（5）信息反馈

信息反馈主要包含两个方面。

①对于市场中原材料的价格变化、供货的行情，负责采购的人员应该及时与厨房进行沟通，厨师长应该根据市场的变化和原材料的价格来研究新的产品，并对餐饮产品的成本进行有效控制。

②在厨房使用原材料之后，将使用的情况及时与供应商进行对接，及时沟通，改进原材料的供给质量。有些原材料的供给往往会存在数量和质量上的差异，特别是一些盒装或听装的原料，往往存在分量上的不足，必要时对于这些原材料可采取扣罚货款抵充不足部分，或停止让该供货商供货，另外开辟新的供货渠道。

（四）采购指标的控制

1.食品原料采购质量的控制

在厨房工作中，重中之重是对优质餐饮产品的生产，优质的原材料是进行优质生产的首要前提。在餐饮企业的原材料采购之中，质量主要包含两方面的含义：

（1）原料的品质

原料的品质包括原料的部位、产地、等级、外观、新鲜度、成熟度、纯度、清洁卫生、质地等。为了避免口头描述产生的理解误差，使原料规格质量不稳定，保证采购的有效完成，一般会通过书面的形式对采购的规格进行说明和明确，这就是所谓的采购规格书。采购规格书应简单、明了，不能使用会产生歧义的、含糊不清的词汇。采购规格书需要根据菜单中提供菜肴的要求编写。使用固定菜单的饭店如果在一定时期内其菜肴相对稳定，则原料的标准采购规格书也相对稳定。如果菜单变化或市场条件变化，采购规格书就应该做相应的调整、修改或重新修订。

（2）原料使用的质量

这一点往往被厨房管理者忽略。比如，厨师要煲老汤，需要加入一定量的猪肉，这里的猪肉可以是里脊肉也可以是猪瘦肉。就原料质量而言，里脊肉最好，价格也最高，而猪瘦肉的质量和价格都低于里脊肉。对于熬汤来说，两者的效果几乎没有差异，从控制成本的角度考虑，厨房管理者往往会考虑使用猪瘦肉。就此时而言，猪瘦肉的使用质量应该是最高的。在厨房生产中，这种例子很多。

尽管采购规格书有诸多的好处，但厨房管理者也不能把它当作"万金油"，更多的时候应该灵活掌握原料的质量概念，做好质量的控制和监督工作，最大限度地发挥原料的作用。但是，由于市场原料的变化因素太大，厨房管理者只有不断地学习，掌握更多最新的鉴别原料质量的手段，才能以不变应万变。比如，40%甲醛溶液浸泡海参可以使海参增大、富含水分；发好的鱼肚浸入猪油，猪油冻起后，可以增重等。这些都是不法商贩惯用的伎俩，如果厨房管理者缺少这方面的认识，肯定会影响餐饮企业的效益。

2.食品原料采购数量的控制

采购价格与采购数量有关，并且与资金周转的速度相关，也影响着仓库的存货数量和仓储条件。控制采购的数量可以减少浪费现象的发生，也可以减少原材料的损耗，可以有效地降低各种不必要的开支。因此，针对控制原材料的采购数量，需要管理者对采购人员进行必要的指导，使原料的供给既充足又不额外剩余。对日进日出的厨房物品、原料进行控制，难度确实不小，因为人们难以预测物品、原料消耗的数量。鉴于此，对原料进行分类是一个好的办法。

对于易腐食品原料来说，因为要尽快地消耗使用掉，且保持原料特有的新鲜程度，所以可以根据日常营业正常用量，结合次日餐饮的预订情况和一些其他餐饮任务进行采购，即需要每天检查厨房原料的库存，对单价大、价值高的原料需要准确地清点，对单价小、价值低的只需估算。由此，确定每日大致的需要量，一般可以通过简便的计算来进行。通常情况下，易腐食品原料的采购数量能满足第二天的生产销售即可，但有时候还应结合天气的变化、节假日等因素进行适时调整。

原料的需购量＝应备原料量－现存量

当原料价值不是很大，但是消耗量很大，所需数量比较稳定时，可以采取另外一种采购，就是长期订货采购。这类原料一般会有一个固定的消耗，采购人员可以与供货商规定协议数量、定期送，如果有特殊情况需要增减，则另行通知。这样做，既可以避免每日清点的麻烦，又能保证不缺货。此类原料包括面条、鸡蛋类食品等。

当然，在实际工作中，也可将采购的控制与产品营销相结合。例如，餐厅可以鼓励顾客提前预订，并出台相应的奖励机制。又如，顾客在某日前预订可以得到优惠或者其他奖励，将顾客举手之劳的预订活动与其利益挂钩，使顾客得到实惠。从生产经营来看，顾客预订得越多，厨房原料的采购越稳定，这样厨房生产的量控制得就越好，浪费就越少。长此以往，厨房生产的量可以保持在一个相对稳定的基础之上，从而实现"零"储存，既能保证原料的新鲜度，又不积压原材料，这其实是对易坏性原料采购数量的最佳控制。

半易腐食品原料也应该与易腐食品原料的处理方式一样，直接进入厨房，在采购这类原材料的时候，除了根据客源情况外，更应注意节假日采购数量的控制。比如传统佳节春节，由于假期时间较长，到饭店就餐的人数就会很多，所用原料也就较多，所以在春节备货期间应根据市场开发状况、客情预测情况综合考虑，所购品种、数量既要能保证正常营业，又不能大量积压以致影响质量从而造成损失，最好是以客满为前提，以备一周的货为宜。当然，随着技术的发展，增加厨房包装化半成品原料的存储，同样可以达到控制原料数量的目的。这是因为包装化半成品原料既具有易存储的特性，有保藏期、保质期，又处于毛料和成品之间，离成品只一步之遥，可以减少突来顾客引发的菜肴上桌慢的不利因素。因此，在未来的厨房生产中，使用包装化半成品的可能性会大大提高。

对于不易腐食品原料，由仓库根据每日的用量提出申请，一般情况下一次申购的数量要够用三四天。以前，在货源紧张的情况下，为了防止经营中缺货，往往仓库中也有最低存量的规定。如今在市场经济条件下，货源充足，该规定已经失去了意义。但由于这种食品材料不易变质，也为了减少工作量和麻烦，一般并不天天进货，而是一次性采购较大数量贮存起来。对于不易腐食品原料一次采购量和采购间隔的天数，视餐饮企业具体情况而定。但总地来说，相较于易腐性食品原料，不易腐食品原料较为容易控制。

3. 食品原料采购价格的控制

对原材料的采购价格进行控制，主要方法如下：

（1）通过限价采购来控制采购成本

限价采购是指对需要购买的原材料的价格进行限制或者规定。通常来说，限价采购主要适用于两类原材料：一是鲜活原料、销售量较大的菜肴原料，如特色菜肴、招牌菜等。这类菜几乎每桌客人都会点到，销售量很大，如果限价采购，饭店与供货商就能双赢。另一类是贵重物品原料，如鲍鱼、鱼翅等，原料本身高档，如果不限量采购，必然导致产品滞销，则饭店与供货商都无利可图。对于原材料限定的价格建立在市场调研的基础之上，是在对市场行情、原材料价格变动了解的基础上进行综合、系统、科学的分析提出的，而不是单纯靠管理者随意制定的。

（2）通过竞争报价采购来控制采购成本。

控制原材料的采购成本的重要途径之一就是采用竞争报价进行采购。所谓的竞争报价，指的是由采购部联系多家供货商索要价格表；或者是采购部将要采购的原材料写明质量要求和规格要求，让供应商在报价单上填写供应商最近的供货价格或者长期的供货价格。采购部在拿到报价单之后，对供货商提供的价格和供货商的其他情况进行综合考量之后，选择合适的供货商。现代餐饮企业经营讲求资本运作，往往是供货商先提供一定周期的货物，然后餐饮企业再结账付款，供货商如果没有一定的经济实力就很难在竞标中获胜。

餐饮企业在对供货商进行选择的时候需要综合考量，不能仅看价格，还应该考虑供货商的供货是否稳定、供货商的经济实力、供货商的信誉情况等因素。在竞争报价中有时候会有这样的问题：如何对供货商所报价格进行核价。餐饮企业在竞争报价中找到了价格有优势的供货商后，对于供货商的报价，餐饮企业并不应该直接认可，在签订供货协议前要对供货商所报的价格有个核定的过程，具体可以采用如下方法：参考往年同期的物价指标以获得第一手资料；参考当地的市场信息以了解市场行情信息；进行市场调研，快捷、准确地把所需品种的价格摸清。

竞争报价降低了原料的采购成本，是餐饮降低成本的长期行为，绝非是一朝一夕就能办妥的。那么如何最终选定供货商，同时也让参加竞标的其他供货商心服口服呢？餐饮企业要通过公平、公正、公开揭标的方式，将中标的供货商所报的价格展示给每位竞标企业，让他们判断中标者的优势，以增强他们下次竞标的信心，使得竞争报价降低成本这一工作能长期、有效地开展。这样既有利于饭店的经营，又能赢得供货商的信赖。

（3）对购货权进行控制

尤其是对大宗食品原料和贵重食品原料的购货权要进行控制。一般来说，餐厅对于大宗食品原料的使用量非常大，总体成本高，而贵重食品原料的价格高昂，导致成本高，这两种原材料对餐饮的成本有着重要影响。如果餐厅不顾实际经营情况而盲目购买，制作的菜肴又不能及时销售，势必会给饭店造成巨大的损失。基于此，一些餐厅制定了一些规定：对于原材料的使用情况由餐饮部门提供相应的报告，对于供货商提供的原材料价格主要由采购部门出具相应的报告。对于向谁购买，也就是说拥有购货权的是餐厅的管理层。

（4）提高购货量和对购货规格进行调整

通常来说，对食品原材料进行大规模的采购可以使原料的采购价格降低，因此，这也成为控制采购价格的一种方式。以餐厅实际经营的状况为依据，餐厅进行原材料的采购。如果餐厅生意火爆，某些原料使用量又很大，且这种原料又比较耐储存，餐厅又具备一定的储藏条件，就可以加大这些原料的一次性采购量以求得较低的价格。另外，有些原料因其规格不同，价格水平也不同，餐厅在实际的经营过程中，可以根据制作菜肴的需要，在保证菜肴质量的前提下，适当调整原料的规格，这也能使原材料的价格降低。

（5）在采购的时候以市场行情为依据

原材料的价格在市场经济中还会随着供求关系的变化产生较大的波动。当供过于求时，原材料的价格就会降低，此时的原材料如果符合餐厅的大规模用量情况，在质量满足的情况下，餐厅应该在此时大量购入，这样就可以在价格回升之后保持成本的稳定。对于一些季节性很强的时令蔬菜，当原材料刚刚上市时，价格会偏高。但随着时间的推移，价格会逐渐降低，因此对于这样的原料应该尽量少采购、勤采购，只要能够使生产得到满足即可，可以等到其价格稳定的时候再进行购买。

第二节 验收工作与厨政管理

厨房生产加工的对象为纷繁复杂的各式烹饪原材料。从餐厅经营目标出发，其所选原材料的种类、质量、数量、价格、贮藏方法、保管方法等，都是每个厨政管理者必须面对的，又必须稳妥解决的问题。原材料的质量直接与菜品的质量有联系，原材料的数量和价格直接影响餐厅的生产经营成本。因此，必须加强对烹饪原材料的管理，从而保证厨房生产的正常运行、保证菜点品质和实现餐饮经营盈利。

一、原料验收工作介绍

（一）验收管理制度

验收是原材料进入厨房的第一道关口。管理者必须严格把关，建立相应的管理制度，防止、避免不合格原料进入厨房。验收管理制度具体包括以下几方面内容：

①验收人员应该坚持原则，以餐厅的利益为重，不谋取私利，在验收的时候秉公处理。

②对于验收工作，验收人员应该严格按照验收程序来完成。

③验收人员在验收的时候，应该对拿到的原材料与采购单中的数量、规格是否一致进行核对，对于与采购单上质量、规格不符合的拒绝验收签字。

④对于当面验收的物品，验收人员应该明确如何处理已经验收的物品。当已经验收的原材料出现质量问题的时候，作为验收人员应该负责。

⑤验收人员在验收完毕后应该及时写好验收报告，在对验收报告备份以后将报告交给相关的人员和相关的部门。

（二）原料验收工作程序

一般来说，餐饮企业的验收程序大体上是相同的，验收工作都是定时定点的。

1.核对采购计划

验收人员在供应商送来原材料的时候，应该对送来的原材料和物品等进行核对，是否与订购单上的一致，是否有特殊的说明情况，避免出现实际的订购原材料和物品与订购单上的不符情况，还需要对实际提供的价格是否与采购部提供的价格一致进行核对。

2. 核查原料数量

在对原材料的数量进行检查的时候，主要使用的方法是称重和点数，需要注意以下几个方面：

①对于可以进行点数的原材料物品，必须逐个进行清点，记录正确的原材料和物品的数量。

②对于必须称重的原材料和物品，需要对正确的重量进行记录，逐件清点。

③对于有包装的原材料，比如桶装、罐装、瓶装、袋装的物品，可以借助其外包装上面的数字对物品的数量、重量进行核对。如果是整箱购买的，数量非常大的时候，则可以对其中的一两包进行检验，然后统计整数，进行核对，做好记录。

④对于一些没有包装的原材料和一些鲜活的原材料，需要进行称重核对。对于水产类、蔬菜类、海鲜类的鲜活原材料进行核对的时候，应该将水分沥干后再进行称重。

3. 检查原料质量

产品的质量与验收工作有着直接的关系。因此，在检测原材料质量的时候需要仔细，应该与规格书上的要求相符合，同时还应该根据实际的情况进行灵活变通。由于一些供应商为了价格有竞争力，会尽力压低价格，厨房验货人员除了掌握必要的原料规格质量外，对于经不正当手法处理的原料也要有心理准备。

另外，原材料造假的泛滥也给验货带来一定的麻烦。目前，市场上一般存在有包装的造假原料和无包装的造假原料，如有包装的假松肉粉、假粉丝等，无包装的40%甲醛溶液浸泡过的干货原料、以猪血充当鸭血、以小龙虾仁冒充河虾仁、以虾黄冒充蟹黄等。对于有包装的原料，可以通过对比真货商标、字迹、印刷等办法来鉴别，对于罐装制品可以通过凸打或凹打的痕迹来鉴别，甚至有时可以开袋或开罐来品尝。对于无包装的原料，鉴别的方法就要通过观察原材料的光泽、颜色、弹性、气味等物理性质与已经经过验收的正品原料比对，看是否一致。所以，厨房验货人员的工作绝对不轻松。

由此可知，厨房验货人员除了要具备专业知识外，也要加强防范假冒、伪劣产品的能力，同时还要提高工作的责任心，通过各种检验手法，将劣质、假冒及不符合要求的原料排除在厨房之外，保证未来厨房生产产品的高质量。

4. 填写收货单

验收人员应该对检验合格的原料及时填写每日的食品收货单，该收货单一联给财务部，让财务部存档；一联给采购部，让采购部进行核对做账；一联给供应商，这是他们进行报销的凭证；一联验收人员留存，方便之后的核查工作。

5. 处理原料

对原材料进行验收完成之后，对于需要入库的、已经检验合格的原料，相关负责人员需要使用双联标签进行标注，在双联标签中写明原材料的进货日期、名称、单价、重量等，将原材料及时入库进行保藏。鲜活原料一般直接收入厨房，由厨房开具领料单，厨师长签字确认才可以完成。由此，不同类型的原材料就进入了不同的区域，这也就意味着验收工作的结束。

（三）验收的后续工作

1. 退货处理

一般来说，退货情况有两种：一是送来的原材料与厨房使用的原材料规格不符，这种类型的原材料一定需要退货处理，要求供应商进行更换，换成符合厨房使用规格的原材料，不能耽误正常的厨房生产工作；二是送货的数量要比当初订购的数量多，这时也需要对多余的原材料进行退货处理。

但是，验收人员不能随意退货，尤其是出现小瑕疵问题时。在遇到应急以及缺货的情况下，供应商要积极配合餐厅，保证厨房工作的正常运转，如果双方因为这种事情造成不愉快，导致关系僵化，就必然会影响厨房生产。

当原材料有质量问题或不符合规格要求时，验收人员应及时报请厨师长或餐饮部经理。当因为生产的原因不能退货时，需要由餐饮部门的经理或者厨师长在"验收单"上签名；如果打算退货，则需要填写"退货通知单"，在通知单上需要写明所退的原材料的名称、数量、退货原因等信息，并且要求送货人员核对进行签名。"退货通知单"有三联，一联给财务部，一联给验收部留存，一联给供货商，由送货人转交。

要及时通知供货商，本饭店或餐厅已退货，请供货商补发或重发，新送来的原料按常规处理。

收货时，验收人员如果发现腐烂的原材料，则应该在完成退货之后，及时向采购部门反映，要求采购部寻找新的供货商和供货来源，避免影响厨房的正常生产活动。

2. 受理原材料

对于所送的原材料进行质量、数量、价格的核对以及办理退货后，验收人员应该在送货发票上签字并接收原材料。为了便于对原材料进行控制和管理，在一些餐厅中，验收人员需要在发货单或者送货发票上盖上"收货章"，在交给财务部的时候需要在"验收单"后附上盖了收货章的送货发票。

收货章上的内容很多，包括收货餐厅的名称、收货的日期、收货物品的单价、收货物品的总金额、验收人员的姓名等内容，验收人员需要对以上内容进行正确的填写并签字确认。验收人员应将检验认可之后的原材料交给验收部门和收货部门进行后续负责，采购人员和供货商不再负责。正所谓"一字千金"，验收人员在签字后应对所进物品和原材料负全责。

3. 填验收单

在填写验收单的时候，验收人员应该对所验收的原材料的价格、质量、数量与订购单中的采购规格或者与"食品原料采购规格质量标准"进行核对，在全部符合之后填写验收单。

4. 原材料入库

从安全和质量的角度来考虑，需要及时将验收合格的原材料及时放入库内进行存放。对于鲜活易腐的原材料，应该尽快通知厨房，让厨房的人员领回进行及时加工；对于冰冻原材料，应该及时放入冷库进行存储，防止出现化冻现象，防止食品变质。对于入库的原材料，应该在包装上写明进货的日期、进货时的价格和使用等内容，方便后续的盘库工作和领取原材料工作。原材料入库的时候不能让供应商的送货人员将货物送入仓库，餐厅应该指定专人负责原材料入库的事宜。

5. 填写报表

最后，验收人员填写"验收日报表"，以免发生重复付款的差错，"验收日报表"可用作进货的控制依据。所有发票和有关单据连同验收日报表应及时送交财务部门，以便入账结算。

验收日报表记录接受原材料的日期、供货商、品名、价格和原料的去向等信息，是原材料验收的主要控制手段。

二、厨政管理在验收环节的工作任务

验收工作是厨政管理不可缺少的重要环节。验收人员由厨房、库管、采购三方人员组成，以利于形成互相监督的机制。入选人员应该有比较广博的专业知识，按照特定的操作程序以保证厨房或餐厅在符合质量、数量和价格条件下获得订购的货物。验收工作应完成以下任务：根据采购的规格，检验各种食品原料的质量、体积和数量；核对原料的价格与既定的价格或原定的价格是否一致；给易变质的食品原料加上标签，注明验收日期，并在验收表上正确记录已收到的各种原料；验收员要及时把各种食品原料送到储藏室或厨房，以防变质和损失。具体来说，包括以下几点：

（一）根据请购单检查进货

验收人员需要对验收的方法进行明确和掌握，对验收的程序进行把控，只有这样才能保证验收工作的顺利进行，保证高效、科学、严谨地完成验收工作，保证进货的质量和水平。验收人员需要对验货的物品进行核对，看物品是否与订购单上一致，包括物品的规格、质量、品种，对于不符合要求的要及时拒收，对于符合要求的还需要进一步进行其他方面的检验。

①对于没有订货手续的原材料不能验收。

②与订购单上的规格不符的不能验收。

③肉类原材料、禽畜类原材料都需要检验卫生检疫证，对于没有进行检疫和检疫不合格的原材料都不能进行验收。

④如果在验收时，冰冻原材料出现变软、化冻，就不能验收。

⑤在验收的时候，对原材料的质量问题有疑问的时候，需要请厨师长等专业技术权威协助检查，保证原材料符合订购单上的规格和质量要求。

（二）根据送货发票检查进货原料

供货单位的送货发票应该在送货的时候一起交付，供货单位给收货单位的结账单需要根据发票的内容开具，因此，付款的主要依据和凭证就是发票。发票主要是对供货单位送来的原料的数量、价格，以及餐厅从市场中采购的数量、价格的反映，对验收的各种原料的价格和数量进行核实主要通过发票来完成。

三、厨政管理在验收环节的要求

（一）验收人员的要求

大型的餐饮企业会设置专门收货的部门，并设置专门的验收岗位，隶属仓库。验收人员是受过专业训练的，有着丰富的专业知识和责任感。一些中小型餐饮企业会在厨房、仓库等部门抽调一些人员，负责原材料的验收工作。不管是专职验收还是兼职验收，验收人员都应该具备以下几个方面的要求：

①身体健康，干净，讲究卫生。

②对各种验收需要使用的工具和设备都非常熟悉。

③对采购标准和采购规则非常明确。

④对原材料的质量和品质有一定的鉴别能力，可以辨别原材料的真假、好坏。

⑤对企业的财务制度非常熟悉，可以熟练、正确处理票据。

⑥验收之后的物品与订购单上的物品的质量、数量、价格、规格、重量等一致。

⑦要坚持底线，坚持原则，拥有良好的职业道德，对于采购人员同时兼任验收人员的现象一定要杜绝。

（二）验收场地、设备和工具的要求

验收场地的大小、位置的好坏直接影响货物交接验收的效率。大型的餐饮企业都会设立专门的验收场地。理想的验收位置应该是货物出入比较方便的地区，并靠近贮藏室、仓库或厨房加工场所。这样便于货物的搬运，缩短货物搬运的距离，减少工作中的失误，同时也可保持餐饮企业内部的环境卫生。有条件的餐饮企业还可设立验收办公室，便于开出各种票据、账单及存放一些验收的工具。一般验收的工具，如称量器具，大到磅秤，小到台秤、天平秤；还有验收的辅助工具，如开罐头的开刀、开纸箱的尖刀、剪刀、切割刀、榔头、推车、箩筐、起货钩、搬运货物的推车等，这些验收工具既要保持清洁，又要安全保险。

（三）验收原料的要求

请购单、订货单、送货凭单是验收原材料的主要凭证。对购回的烹饪原材料进行验收时，验收人员首先应根据送货凭单检查货物，再与请购单或订购单核对。

1. 质量是验收的关键

原材料的质量是厨房产品质量的基本保障。在验收过程中，验收人员尤其要加强对原材料的质量检查，对达不到厨房订购、请购质量要求的原材料，一律不得验收。原材料品种众多，不同的品种质量鉴别的方式方法各有不同。所以，对验收人员来讲，专业知识的要求非常高，必须要熟悉原料的生产季节，熟悉原材料的产地，善用感官鉴别原材料的质量。各餐饮企业可根据自己的经营情况，确定所购原材料的品质鉴定标准。

2. 重量与数量验收

验收人员要对原材料称量来保证重量符合要求，通过清点来保证数量符合要求，有时用送货发票核对物品时也会发现问题。如果验收人员发觉物品的数量不足，则应填写货项凭单来调整送货发票上的数量。这一单据应由验收人员负责填写并由送货员签字，一式两份，一份交送货方，另一份交回采购部门留存，便于与送货发票核对结账。对于原材料的重量和数量的验收，主要包括三个方面：

①以件数或个数为单位的送货，必须逐一点数，核实送货凭单上的件数和个数。

②以重量计量的原材料必须逐样过秤，核实送货凭单上的重量。

③核实送货凭单上送货原材料的品名是否与实际原材料相符。

3. 价格验收

检查送货凭单上原材料的价格是否与采购定价或市场均价一致，单价与金额是否相符。采购定价是企业在采购原材料前与供货方约定的成交价格，主要针对一些名贵的原材料或有中长期协议价格的原材料。有的原材料的市场价格波动较大，为了保证供货商的利益，也使企业能够保证货源供应，实行的是可调剂价格，但供货商的原材料价格不应高于市场平均价，要保证双方合作持续发展。

第三节　原料处置与厨政管理

一、原料残留异物处置与管理

（一）原料残留异物的类型与原因

残留异物出现在菜点中属于严重的菜点质量问题，会破坏顾客的就餐情绪和身体健康，引起顾客的不满，导致顾客投诉餐厅，并向餐厅索赔。这样不仅伤害了餐厅的公众形象，也会造成餐厅的经济利益受损。

1. 残留异物的类型

容易出现在菜点中的残留物一般有三类：即原材料带来的残留物、设备工具带来的残留物和人为带来的残留物。它们是可见的，影响的是顾客的直观感受。还有一类残留物是眼睛不可见的，可能存在于菜点中的残留物，如餐具洗涤剂残留物、农作物种植的农药残留物，以及因毛巾不干净、擦盘后的残留物等，这些残留物不仅会对菜点质量有影响，还会对顾客的身体造成直接伤害。但它属于卫生安全的范畴，在本节中不作讨论。

2. 残留异物的原因

原材料带来的残留异物主要是由原材料在加工过程中处理不彻底造成的，如因加工处理不彻底，在烹制成菜时，香菇、木耳、黄花、芝麻带有沙粒，肉丸带有碎骨渣，鱼丸带有骨刺，鱼鳞清理不净，绿叶蔬菜带有泥沙、杂草，青椒有虫子等等。设备工具带来的残留物主要是由烹饪加工中设备工具清理不干净造成的，如炒锅、煎锅、炸锅不净造成菜肴起焦烟黑点，烤箱不净、生锈易造成烤制原材料有铁锈黑点，盛装菜点的餐盘有污物，菜点中有金属丝等。人为带来的残留物主要由员工在厨房加工、贮藏过程中及在餐饮服务过程中的过失造成的，如在厨房加工、贮藏过程中及在餐饮服务过程中，因贮藏或因员工着装、操作不当等原因，容易造成上菜时在菜点中出现发丝、纸片、布条、线头、小型动物或小动物的粪便（老鼠屎），以及员工的手直接接触到菜点等情况。

（二）原材料残留异物的防范措施

1. 厨房管理者要高度重视

厨房管理者要将防范在厨房工作中出现残留异物提高到食品安全的高度来认

识，并且将这种认识普及到全体员工，把菜点生产安全问题放在首位，强化员工的个人卫生管理，要求员工不留长发、着装规范、手上不带饰品等，力求将菜点中残留异物出现率降到零，保证菜点应有的产品质量，保障顾客的身体健康。

2. 严格作业时的操作规范和卫生质量标准

厨房管理者要强化生产加工过程管理及原料、菜点的贮藏管理。在原材料初加工环节中，工作人员必须将原料中的杂物剔除并将原材料洗净，对特别容易残留泥沙的原材料要重点对待，采取必要的加工手段认真处理，如洗涤绿叶蔬菜、大葱等，对易残留泥沙的部位必须切开反复冲洗、漂洗；对带根茎的菌类原材料，要先用淡盐水浸泡，再用清水冲漂洗。在切割加工环节，避免将布条、线头遗留在原料之中。对工作中使用的毛巾要认真选择，全棉的最好，并且要及时更换新的。在烹制环节，要保证工具设备卫生，随时保持锅、勺、毛巾的干净卫生，不要将刷锅的钢丝球丝、竹制刷把签、毛巾的线头等残留在菜点中；要保证调味品的卫生，在准备调味品时，要将调味品包装袋或包装碎片完全清理掉。在贮藏环节，要防止异物进入原材料、调料或成品菜点中，对贮藏的原材料、调料要用专用料盒分装，分类管理；在打烊时，对炉灶上使用的调味品要加盖保管。

3. 加强对厨房物品的管理

在工作中，严禁员工乱扔、乱放物品和废弃物。对厨房生产用的原材料、物品和个人物品要按厨房管理要求按规定放置，对废弃物要妥善保管，并及时清运。严禁将废弃物与生产原材料、工具混合。

4. 加强菜点质量的监督检查

要建立专门的质量检查部门，常设专职的质量检查员，对生产中各个环节的质量进行全面的检查。原材料初加工环节是菜点中出现杂物的主要源头，尤其需要加强监督检查。在各生产岗位要严格把好质量关，各生产岗位之间要相互监督检查，发现卫生质量问题及时处理。

二、原材料贮藏处置与管理

（一）原材料贮藏处置管理的重要性

原材料经过验收工作后，一部分进入厨房，另一部分进入仓库，除去当日即被使用转化成产品的原材料，大部分原材料都需要贮藏。原材料的贮藏与领发是食品原材料控制的重要环节，因为它直接关系到餐饮产品的生产质量、成本和经营效益。

原材料存货控制与其他行业不同，餐饮经营中的原材料储存控制不仅要考虑保持一定的存货数量，还要考虑加工中的数量和已经销售出去的使用量。同时，储存是一种成本损耗，因此对于仓库的控制是整个成本控制的重要的一个环节。

有人对美国的企业和日本的企业对于库存的看法做了一个形象的比喻：美国的国土面积大，所以电冰箱的容积也特大；日本的国土面积少，所以电冰箱的容积也小，看起来电冰箱的容积与国土面积成正比。这个比喻虽然有点儿夸张，但实际上反映了美国的企业与日本的企业对库存的不同看法。美国是站在"生产时库存是有必要的"这种所谓"积极理念"来看待库存的，所以认为库存是生产和销售的"救世主"。而日本则是站在所谓"消极理念"的角度来看待库存的，所以日本的生产管理制度是从否定库存开始的，即提倡"零储存"，基于这种观点，认为库存是资金运作的"坟墓"。

无论是"救世主"或是"坟墓"，对于厨政管理来说，公认的事实是餐饮业不可能没有储存。也就是说，厨房生产运作不可能做到"零储存"的状态，尤其是在社会化大生产还不完备的现实条件下。诚然，从某种角度而言，原材料或物品在仓库里的储存总是资金积压的一种形式，也是成本损耗的一种机会。原材料储存越多，资金积压就越多，损耗的机会也就越大。既然不能做到"零储存"，而储存本身又是一种积压和损耗的机会，那么仓库的储存就是一种"有必要的坏事"。基于此，就要对仓库储存进行有效的控制，否则，"有必要的坏事"很容易变成"没有必要的坏了事"。

合理地进行储藏和保管不仅可有效地控制原料成本，防止因管理不善而引起原材料变质、腐烂、账目混乱、库存积压、盗窃和贪污等事故的发生，而且能有效地保证原材料的质量，防止食物中毒，确保消费者的生命安全。因此，加强对原材料的仓储管理，制定切合实际的管理制度显得格外重要。

（二）原材料贮藏管理方法与要求

厨房原材料的储藏方法通常有两大类，即干藏和冷藏。室温即常温条件下便可保存的原材料用干货库储藏；需低温甚至在冷冻条件下才可保存的原料，则采用冷藏库或冷冻库储藏。因此，食品原材料的储藏库房一般就有干调库、冷藏库和冷冻库三种，除此之外，还有鲜活原料的管理等。下面就对这三种不同的储藏方法进行详细阐述：

1. 干调库管理

通常厨房的干调库房属于总仓下属的二级库房，主要作用是贮藏原材料和物品，而无须冷藏。由于要存放干货原料及米面、罐头、袋装调味料等，因此对库房的环境条件提出了一定的要求。这类无需冷藏的食品应放在干净、阴凉、干燥处储存，还要防潮、防蛀、防鼠、防闷热等。因此，首先，库房的温度应保持在 $10℃~21℃$，相对湿度控制在 $50\%~60\%$ 最为理想。如果存放谷物类原材料，则相对湿度还可以再低些，以防霉变。其次，通风设施要好，按照标准，干调库房的空气每小时应交换至少 4 次。最后，仓库照明应保持在 2~3 瓦/平方米为宜。另外，对干调库的管理还需做到以下几点：

①干调仓库中不仅应该设置温度计还应该设置湿度计，对于超出许可范围的需要及时进行调整，保证干调仓库的适宜环境。

②物品放置在地上很容易出现污染情况，因此，要避免原材料直接接触地面，应该将原材料放置在一个空气流通的地方，一般需要距离地面 25 厘米，距离墙壁 10 厘米，同时还需要保持地面和货架的干净、整洁。

③干调库房不能有污水管经过，避免由热气和蒸汽而导致干调库房中空气湿度的增加，使原材料受潮。如果蒸汽管道、热水管道必须经过干调库房，那么必须做好隔热处理，保证干调库房处于适宜的温度。

④在干调库房中需要将各种原材料按照类别贴好标签进行排列。需要将食用的与非食用的原材料和物品分开，如将肥皂、洗洁精等与食品原材料分开，避免污染。

⑤原材料在进入库房的时候需要标明进货的日期，为了保证原材料的不积压，需要遵循"先进先出"的原则，将新入库的原材料放到后面，将之前的原材料放在前面。

⑥对于已经打开的包装食品以及一些散装的原材料，可以将其放入带有盖子

和标签的容器中储存，这样既能防尘，也能防腐蚀。对于经常使用的原材料应该及时将其放到容易拿到的地方，方便使用。

⑦对于罐装、塑料桶装的原材料在使用的时候应该带盖密封保存；对于箱装的原材料和袋装原材料应该放置在带轮垫板上，方便后续的搬运；对于用玻璃器皿包装的原材料，应该将其放置在没有阳光直照的地方。

⑧对干调库房进行定期的打扫和清理，保证库房的干净、整洁；同时对于进出干调库房的人员进行控制，禁止非领用人员入内。

2. 冷藏库管理

厨房使用冷藏设备的主要目的是利用低温抑制细菌和微生物的繁殖速度，保持原材料的质量，使其短期内不会发生变质、腐败的现象。因此，冷藏冰箱的温度一般控制在 0℃~5℃，而蔬菜、水果冷藏的温度多为 2℃~7℃，使储存的原材料冷却而不冻结。

厨房的生产人员必须了解不同原材料的不同冷藏温度和湿度。通常情况下，10℃~60℃最适宜细菌繁殖，在食品贮藏中属于"危险区"。因此，一般的冷藏设备都必须将温度控制在 10℃以下，这样既控制了微生物的繁殖，保证了食品的质量，又使食品不必解冻而取用方便。

需要注意的是，冷藏不是万能的，它只对微生物起到抑制和延缓的作用，控制微生物的效果只能在一定的时间内，保持食品质量的时间不能像冷冻那样长，有时候原材料冷藏不当同样会引起腐败、变质。

3. 冷冻库的管理

冷冻库的温度一般都控制在 -18℃~-23℃，使食品完全处于冻结状态。在这种温度下，大部分微生物和细菌都得到了抑制，少数不耐寒的微生物甚至死亡，因而可以使原材料保持更长的时间。利用低温冷冻储藏食品，其保质期可长达3~9 个月。对冷冻库的管理方法如下：

①对新鲜原材料，如刚宰杀的鱼类、家禽类等要冷冻，必须先经过速冻，妥善包装后再进行冷冻贮藏，这样既能保证原料不受污染，又可防止水分蒸发，否则原材料的质量会大受影响。

②控制好冷冻库的温度，不能随意调节。要经常检查冷冻库的温度情况，防止因冷库故障而引起食品原材料的变质。

③一次性准备好所要冷冻或领取的原材料清单，避免来回开启冷库大门，尽量减少冷气的流失和温度的波动。

④冷冻原材料一经解冻，不要再次冷冻贮藏，否则原材料的质量会急剧下降。

⑤入冷冻库贮存的原材料一定要有抗挥发性的包装材料，不应裸露保藏，以免水分的缺失造成原材料冻伤。

⑥原材料一定要上架，并摆放整齐。冷冻储藏时要控制冷库内盛放的原材料的数量，不可太满，要留有一定的空间供空气自由流动，否则达不到冷冻效果，会影响储藏原材料的质量。

⑦根据冷库内结霜的厚度，要有计划地进行除霜，以保证冷冻的效果。一般除霜要选择库存最少时进行，除霜时先将库存的原材料移入别的冷冻库内，再彻底清洗冷库。

⑧专人定期清理冷冻库，保持冷气的通畅与干净卫生。

（三）建立贮藏管理制度

建立贮藏管理制度有助于保证原材料的质量，延长原材料的使用期限，降低企业的经营成本。贮藏管理制度的内容包括：

①原材料的贮藏应设专人管理，非工作需要，其他人员不得进入贮藏库中。

②贮藏管理人员要确保最低库存量，满足厨房日常运转需要。库存量不足时，应提前填写请购单或定购单，交给采购部门采购。

③贮藏管理人员申购的量要适当，要控制好最高库存量，不得造成库内原材料大量积压。

④在贮藏管理中，要遵循"先存先取"的原则，轮换地使用原材料存货，尽量减少原材料的储存时间。

⑤入库原料要分类整理，整齐堆放，并标记品名和入库时间。有生产日期和食用期限的原料，需要按原料上食用期限重新明显标注可食用期限。

⑥严格控制库内温度，随时对库内温度进行检查。

⑦保持库区内清洁卫生，定时对整个库区进行常规的清洁打扫。

⑧保证库区内适当的通风和空气流动。保存的原料与地板、墙壁之间都要有距离。

⑨贮藏管理人员要及时做好存货记录，定期盘存（通常是 1 个月或半个月），并填写好盘存记录表。

三、原材料领发处置与管理

领料是厨房为了获得生产所需要的各种原材料而履行的一种手续，也是食品成本控制的重要方面。发料则是仓库根据领料凭据向生产部门进行原材料发放的一个过程。领发控制就是要在保证厨房用料得到及时、充分供应的前提下，控制领料手续和领料数量，并正确记录厨房用料的成本。

（一）领料及领料单的控制

当厨房需要从储藏室领取各种原材料时，就必须填写领料单。领料单的使用能有效地控制成本，也能较快地计算当日食品成本。领料单在使用时应注意以下几点：

①字迹工整、清楚，不得随意涂改领料单。

②各项内容应填写完整，写明领用时间、领用品名、领用数量、领用部门、领用岗位、领用人。

③领料单一式四联，一联留存，三联交仓库领料，其中一联交财务部门，一联交成本控制员。

④各岗位、各部门在填写好领料单后，要经专人审批签字。审批人员一般由各部门厨师长担任，贵重的物品要经总厨师长或餐饮部经理等人签字。

⑤总厨师长或部门厨师长在审批领料单时，一定要审核内容，特别是数量。审批领料单时应注意签字笔迹的一致，不能随意变换字体；另外，还要将领料单上原材料最后一项下面的空白划去，防止领料人领取其他原材料。

厨房管理者不仅要把控签字关，还需要把控复核关。厨房管理者还需要对领取的原材料进行追踪和不定期的抽查，对于领回厨房的原材料的数量、质量、规格进行抽查，如果发现问题应该立即追究相关人员的责任，防止领料漏洞的出现和扩大。领料单可以直接反映出餐厅的各个部门对于不同原材料的不同用量。为了加强对领料的管理及核算成本的方便，餐厅可以用不同的颜色区分各个厨房的领料单，只需要将相同颜色的物料单进行归类进行核算即可，节省核算成本。还有一种情况是 A 厨房向 B 厨房领用了一些原材料，为了核算出每日的各个厨房的成本，A 厨房需要向 B 厨房填写一份原材料内部调拨单。这样在成本会计的时候，就会从 B 厨房中减去相应的调拨的金额，在 A 厨房中加入相应的调拨金额。这样进行管理，可以使管理者对各个厨房的当天的生产经营状况有一个准确的了解和把握。

（二）领料管理注意事项

在厨房生产过程中，一旦出现原材料匮乏，相关工作人员就需要领取原材料。一般来说，厨房从仓库领取原材料需要填写物品领料单、食品领料单。仓库不仅存储着厨房经常使用的冻品、粮油、干货、味料等食品原料，还储存着厨房会使用到的物品、工具等。除此之外，还储存着其他部门所需要的日常用品以及其他物品。因此，厨房应该根据自己的需要在库房领取物品，进行开单领取。需要注意的是，食品领料单和物品领料单一定要分开填写和申领。

领料活动通常每天都会进行，在保证厨房用料得到及时、充分供应的前提下，控制领料手续和领料数量对于食品成本的控制有很大影响。一般领料的管理主要有以下几点：

1. 定时、定量领料制度

定时、定量领料的好处主要有两个：一是便于仓库保管人员每天有充足的时间整理仓库，检查各种原料的缺损情况，不必成天忙于原料的发放工作；二是可以使厨房原料的领取工作更加有效率，每天将缺需的原料进行统计，在一个时间段去集中领取，这样既有效还不混乱。一般餐饮企业都规定每天上午 8∶00—11∶00、下午 3∶00—5∶00 为领料时间。如果不规定领用时间，有时会造成仓库里人来人往的现象，既容易出差错，又不利于发货工作。

具体领料的操作过程一般为：根据餐厅通常的客情，由专人统计各岗位需要的原材料和物品的品种、数量，开出领料单后，由厨师长签字后去仓库领料。仓管人员凭厨师长签字的领料单，按单上所列的品种、数量发货。数量的控制一般规定当天领用当天使用，当干货、调味品原材料领入厨房后，即时分装到各个调味盅里，需要涨发的及时涨发，多余的物料由岗位负责人及时放入储物柜里上锁存放，而不要散落在厨房里。

2. 按需填单

每日的营业成本包含厨房从仓库领取的原料，还有从内部其他部门调拨的原材料。因此，厨房在填写食品领料单和内部调拨单的时候应该实事求是，按照实际的需求进行填写。餐厅的管理者还需要对领回去的原材料进行追踪、抽查，对原材料领回厨房之后的数量和质量进行抽查，防止出现替换等问题，一旦发现问题，立即追究相关人员的责任。

领料单只是对原材料进行控制的一种工具，可以从中看出哪个部门对哪种物品的需求多少的问题、用量多少的问题。原材料成本中不包含填写的物料领料单的物品成本，这类成本属于经营成本。在餐厅管理中，物料领料单与食品领料单很相似，但是不能混淆，一旦混淆会使仓库的管理更加麻烦，增加核算成本和核算难度。

3. 做好留存

由于食品领料单或内部调拨单都涉及当日的经营成本，所以厨房管理者要想保证当天购进的原材料，经验收合格后，一部分直接进入厨房，另一部分入库存放。通常情况下，当日需用的新鲜原料由厨房直接领回；不急用的原料则入库，需用时则到仓库按一定程序领用、发放。加强原料发放管理，一是为了确保厨房生产用料得以充分、及时地供应；二是为了有效控制厨房用料的数量；三是为了正确记录厨房用料的成本。

（三）原料发放管理制度与原则

1. 原料发放管理制度

①严格执行定时领用与发放原材料的规定。这样有利于库管人员有充分的时间整理仓库，检查原材料的库存情况；有利于库存原材料得到及时的整理、清点、补充，保持合理的库存量。

②领用原材料必须凭"领料单"，库管人员必须凭"领料单"发放原料。无领料单，任何人都不得从仓库取走任何原材料。

③领用人员填写领料单必须字迹清晰工整，不得涂改。

④审批人员必须严格审查领料单内容，不得在空白领料单上签字。

⑤领料人员必须如实填写领料单，经审批签字后，严格按领料单上申领的品种和数量领取原料。

⑥领料单必须三联齐备，缺联领料单无效。同时，各联领料单上各项内容要相符。

⑦发放人员严格检查领料单，如果遇字迹不清或涂改、缺审批人员签字、缺联等情况，应拒绝接单发放原料。

⑧对于普通原材料的领用与发放应按当日或未来 3 日内的生产需求量确定，不得造成厨房内原材料大量囤积。

⑨对于贵重原材料的领用与发放，必须根据当班或当日的生产需求量进行严格控制，不得造成厨房内原材料囤积，以致影响质量，造成损耗。

⑩发放人员应亲手接单、亲手发放，不得让领料人员进入库内自行取拿原材料。

2.原料发放管理原则

在餐饮经营中，原材料的发放是各分点生产厨房与中心加工厨房和库房有效协调的重要环节，加强原材料的发放管理有助于厨房生产的有效运作，控制厨房的生产成本，保证菜点质量，确保餐饮经营的效益。在原材料发放管理中，必须坚持以下几个原则：

（1）手续齐全、凭证完整

发放人员在发放原材料时，首先检查手续是否齐全，申领单是否填写完整并符合规定，数字应大写，是否经过权限领导的签字。

（2）所有凭证不得涂改

有的原材料时常数量不够，发放人员常因此随便涂改数字，甚至直接将某原材料项划去，这样的凭证应视为无效凭证，以避免出现发料过程中的原料流失。

（3）发料要及时准确

发料必须及时，对于缺货或数量不足的原料应在发货凭单上注明，并且立即通知采购部及时补充并送至厨房，确保厨房生产需要。而且，发料的数量必须准确。

（4）确保符合使用要求

发放人员对于不符合要求的原材料应拒绝领入厨房，防止造成产品质量的下降，引发顾客不满，影响酒店的经营。

（四）原料发放注意事项

发放人员必须选用责任心、原则性较强的员工担当，发放时必须严格认真按照规章制度办事，不能做老好人，造成原料管理混乱，具体应注意以下几点：

（1）坚持原则、手续齐全

发料时必须履行规定的手续，应该做到凭单发放，先审批后发放，同时领料单必须符合要求，对于没有领料单、领料单不全、没有审批、领料单肮脏油腻不利做账保存的，都应拒绝发放。

（2）预先审查准备

一般领料单都是由各点在领货的前一天填写，经总厨审批签字后，送达库房或中心加工厨房。接到领货单后，库房人员应根据各点的领料将各点所需原材料检查后分别装上手推车，做好标记，对于所缺原材料或发料不符合要求的原材料立即通知采购人员以最快速度补充，以便各点正常使用。中心加工厨房接到领料单通常根据标准加工原材料，如肉丝、牛柳、鱼米等，接到后必须检查备货情况。如果发现不足，则必须立即补充，以便领料当天节省时间，确保厨房正常生产。

（3）严格鲜活原材料的发放

中心加工厨房对于鲜活原材料的发放如蔬菜等，应在前一天接到订单时，根据轻重缓急及加工人员的工作分配，初步估算加工时间，先将存货先调拨给急用的分点厨房，再给缓用原料的分点厨房，最后再补足库存。发放时，鲜活原材料也必须样样过秤。一是为了掌握和控制净料率，二是为了掌握加工厨房人员的工作质量。

（4）做好退货和登记工作

各点厨房根据本厨房使用要求，常会把不符合要求的原料退回。库房或中心加工厨房接到退回的原材料后，首先必须在最短时间里补回，然后查明原因，对由于企业因素造成的应立即上报上级领导，对于不是由企业造成的，则会同采购部做退货处理，发放后必须即时做好登记工作，做到物账相符，同时将各点领料单送达财务，统计出当天发生的原材料成本。

（五）原材料盘存管理

定期对贮存的原材料进行盘点，一是出于成本控制的需要，对每个月真实的原材料成本进行了解和明确；二是出于对每个月原材料的消耗情况和存留情况的把控；三是根据盘点，对每月的成本率进行核算，这是对厨房能否完成每个月规定指标的重要考核标准。

1. 盘存的方法

原材料直拨给厨房，或成为仓储原材料被领用，成为厨房生产的主要原材料，除一部分转化为餐饮产品外，每天都会或多或少地存留下来，每到一个月肯定会有相当数量的原材料以存留的形式存在着，由于这部分原材料在一个月中已经被分次计入成本中，所以在月底的成本核算中应该将其从成本费用中减掉。管理者要了解有多少余留的原材料成本，这就需要进行盘存工作。通常将对厨房剩余原材料的盘存称为实物盘存，而将对账目进行核查的方法称为账面盘存。

通常厨房中，原料的存留是通过实物盘存的方法进行的，由于不可能每天对厨房原材料的消耗进行记录，只能使用实物盘存的方法来进行统计。而仓库由于每天都有账面的原材料出入库记录，所以盘存时要将实物盘存与账面盘存相结合，管理者查验时要注意账面存货与实际存货的差异。通常在非常理想的条件下，账面存货与实际存货会保持相同，但实际两者或多或少存在着差额。造成这个差额的原因主要有两方面：一是操作上的失误，如领料原料称量的数字有出入，或四舍五入掉了，或记录上出错了等；二是管理不善的原因，如保管员未收到领料单就发货、保管不善造成原料变质、员工偷拿等。通常两者之间会有一个浮动关系。但总地来说，账面存货与实际存货的差异不应超过核算期间发货总额的1%；如果超过了，那么管理者就要追究入库、存储和发货等环节操作人员的责任。

2. 盘存的实施

在原则上来说，为了保证对原材料盘存有准确的数据，需要每隔10天进行一次盘点，这种时间间隔具有科学性与合理性。如果餐厅没有足够的人手完成每10天一次的盘点，则可以考虑每个月进行一次盘点，将间隔拉长。

盘存厨房实物的时候，负责的人应该有总厨、仓库主管、成本总监以及其他相关人员。一些餐饮企业没有专门设置此类型的职位和任职人员，这就需要具有相应职能的人员进行盘点。在盘点过程中，应该避免由一个人进行盘点活动，这是因为一个人面对庞杂的库存很容易出现多盘、漏盘现象，造成最终的核算成本不准确，增加核算的人工成本和时间成本。

　　总体来说，相对于仓库，厨房的盘点要更为复杂，主要原因是厨房的原材料都非常的分散，而且基本上都是净料，标准的包装型原料非常少，因此在盘点的时候非常繁杂。

　　在进行厨房盘点的时候，盘点人员一定要细心、仔细，最好可以借助称量工具进行盘点，估算的方法只有在非常特殊的、不好计算的情况下才会使用。使用称量工具得到的数据与真实的、实际的情况非常吻合，这样管理者才能得到本月真正的成本、毛利、收益数据。这些数据与餐厅人员的奖惩制度是挂钩的。

第四章　厨政生产环节管理

生产环节是指原料的选择、原材料的初加工、菜肴的刀工、菜肴的组配、菜品的烹调、器皿的准备、菜品装饰等工艺环节。本章为厨政生产环节管理，分别从产品质量管理、生产成本控制、卫生安全管理三个方面进行阐述。

第一节　产品质量管理

一、厨房产品质量内涵

厨房产品，也就是厨房不同部门加工和生产出来的各种甜品、点心、热菜、冷菜、汤和水果盘等。

厨房产品生产，是指由餐厅餐饮部或社会餐饮机构承担的对菜肴、点心、饮料等对象的加工、制作、成品的过程。这些产品质量的好坏，都是餐饮生产方式、制作人员技术水平的反映。产品的质量和实际口味会让顾客对餐厅产生一定的印象，从而决定是否以后再次光顾。客人的口碑会对餐厅和企业的形象产生一定的影响。所以，对餐饮生产的质量控制，应成为厨政管理的重点。

质量管理是认真、细致的事，是量化作业标准的事，也是相关作业岗位与节点互相配合、严格监控才能发挥作用的事。质量管理的前提是质量标准的精细化、具体化、明白化。只要相关人员踏实认真、一以贯之，有较高质量追求的产品生产出来并不是一个多难的目标。

要提升厨房的管理水平与控制能力，管理者应首先了解有关厨房产品质量的基本定义、厨房产品的质量内容和特点，以及厨房产品的质量是怎样形成的，然后抓住厨房产品生产过程的质量管理核心，展开工作与管理。

菜肴的质量和外围的质量是厨房产品质量的两个方面。菜肴质量指的是客人享用的产品应该是营养健康的，不含有有害物质。菜肴的色香味应该都达到一定的标准，温度和口感也是合适的，能够给客人带来不同感官上的满足。外围质量就是指产品的服务应该到位，服务人员给顾客提供的服务应该是热情和周到的，就餐的环境也应该是舒适的，能够满足人们享受的心理需求，彰显顾客的身份和地位。

生产出质量较高的餐饮产品是厨房工作最重要的内容，而餐饮企业的直接效益就是由餐饮产品的质量决定的，餐饮产品的质量也反映出了厨房管理能力和水平的高低。厨房中所有人员的工作重心都应该是提高菜品的质量，加强对厨房生产的管理，这是重中之重的内容。厨师长应该格外重视这些方面的问题，并将质量的控制扩展到厨房生产的全过程。

饭店和餐厅厨房生产内容的标准化实际上也就是对厨房菜品质量的设计。有非常多的因素都会对厨房生产产生影响，首先会影响菜品质量的是食品原材料的质量和水平；另外，原材料的分配和加工的工艺也会产生一定的影响。在设计菜品质量时，相关人员要使用标准的食谱对菜品进行说明，也就是使用单位的标准，将菜品中的配料、使用量等进行说明，并依照较为标准的烹调方法和工艺水平进行制作，并对使用的设备和工具作出说明，这样可以很好地避免厨师在制作菜品的过程中出现失误操作，更好地保证菜品的质量，为管理和控制产品质量打下基础。

二、厨房产品质量指标

（一）厨房产品的卫生与营养

厨房产品最重要的一个质量条件就是卫生和营养。卫生标准首先指的是生产和制作产品的原材料是不是包含了毒素，如有毒的鱼类和有毒的蘑菇等；其次指的是肉类和禽类的原材料在实际的购买和加工过程中，有没有遭到一些有毒物质的污染，比如一些化学物质和有毒物质的危害，以及疯牛病、禽流感等；最后指的是食品原材料会不会存在细菌繁殖的风险，从而造成原材料的变质和腐烂。这三个方面都要监督好，如果有一个方面出现了风险，就会出现事故。

食品的质量也包含了食品原料的营养方面。随着社会的不断进步，人们越来越重视食物中的营养物质成分，人们在鉴定厨房产品的营养物质时，会从两个层面进行评价，一个层面是原料中的营养素是否符合人体需要的标准，另一个层面是营养素的比例和水平是否达到人体的标准。

厨政管理者需要对这些内容进行严格且认真的管理，从卫生的标准出发，针对不同的用餐群体，设计和安排专门的厨房产品，在进行加工和处理之后，保存菜肴的营养。

（二）厨房产品的颜色

顾客的注意力最先会被食物的颜色吸引，因为眼睛是人类的第一感官，顾客在评价食物时最先会通过视觉进行初步的评判。颜色会让顾客产生先入为主的印象，从而对食物做出第一步的判断。

厨房产品的颜色来源十分广泛，主要是由动物和植物中的天然色素组成的。蔬菜和水果中的色素主要有四种，分别为花黄色素、花色素、叶绿素和胡萝卜素。产品最终呈现出来的颜色主要是通过生产烹调的加工产生作用的，烹调加工的一个重要作用就是让食物的原材料发生颜色上的变化。

如果在制作的过程中，需要对厨房的产品做出一定的改变，就需要添加一些含有色素的调味品进行处理和加工。比如，酱油、番茄汁和黄油等都可以起到调色的作用。产品的颜色最好呈现出自然和清新的效果，根据季节、地域和审美标准的不同做出相应的改变。颜色的搭配应该是适宜、赏心悦目、色彩明亮的，能够为就餐者提供享受感。如果有原材料搭配不恰当，或者烹调的火候不适宜，可能就会造成成品颜色不美观，不仅会给人一种营养搭配失衡的感觉，还会影响顾客胃口和就餐情绪。

（三）厨房产品的香气

厨房产品的香气就是食物产品做出之后产生的香味，人们在感知味觉时都会使用鼻腔上面位置的上皮嗅觉神经等。人们在吃饭的时候，一般是先闻到食物的气味，然后再尝到食物的滋味。在食物进入人们口中之前，最先就能够闻到食物的气味。人们之所以认为"香"的味觉非常重要，是因为食物的香味能够增加人们进食的欲望和享受。当人们闻到一种气味时，有可能会因为这个气味引起过去的回忆。人的嗅觉虽然比味觉更加灵敏，但是嗅觉会比较容易感觉到疲劳。

在通常情况下，人们对气体气味的感知程度会受到温度的影响。物体的温度越高，散发的气味就越容易被人闻到。所以，在烹调时，要特别注意热菜中的炒菜类型。比如说，花江狗肉的橘香，姜葱炒青蟹的辛香，响油鳝糊的麻油伴蒜香，北京烤鸭的肥香，生煸草头的清香等。人们在品尝到食物之前，就闻到了不同食物的香味，深深着吸引着人们的感官，诱发起了人们的食欲。如果烹调的过程不能将食物的香味很好地散发出来，就不能很好地满足顾客的期待，顾客对质量的评价也不会很高。

（四）厨房产品的滋味

厨房产品的滋味就是菜肴在进入人们口中之后，能够对人的口腔和舌头上的味蕾产生一定的刺激感，让人们可以品尝到菜品的味道。在菜品的评价质量之中，味道是核心的内容。顾客到餐厅用餐，不仅仅要闻到菜品好闻的味道，还要能够在嘴里品尝到菜品的滋味。酸甜苦辣咸是人们经常说的五种基本味道。这五种味道可以调出多种多样的香味。基本味道的组合可以呈现出丰富多彩的效果，比如说川菜就有"一菜一格，百菜百味"的说法。

（五）厨房产品的外形

菜品的造型和形态属于厨房产品的外形内容。原材料的外形、经过加工处理之后的内容，以及各种技法的处理都会影响到菜品最终呈现出来的外形。如果菜品中对原料的加工使用了非常娴熟的刀工、装盘的效果也十分讲究、有一种形象生动的感觉，那么顾客也会感觉到产品中包含的美感。如果要实现水平十分高超的造型，就需要厨师具备非常高水平的艺术设计水平，如"松鼠鳜鱼"姿态活泼，"冬瓜盅"层次丰富，"凤尾虾"晶莹剔透。另外，如果使用围边进行食物的点缀和装点，就可以帮助提高热菜的形象和造型，如"碧绿鲜带子"，有一个红蝴蝶跃然盘中；"珊瑚虾腐"的盘中间摆着一个面塑的形象，带给人很大的新鲜感，这些方法既能够让菜品的形象更加丰富，也能够让餐桌具有统一的主题。厨师的艺术设计灵感可以给客人带来感官上的享受感。热菜的造型不及冷菜的造型丰富多样，所以对冷菜的造型设计提出了更高的要求。因为冷菜是先烹制出来然后再进行装配的，有较为充足的美化菜肴的时间。如果在举办活动时，顾客对主题提出了一定的要求，厨师就可以使用装饰性比较强的冷菜对主题的效果进行丰富和美化。在对菜品的造型进行设计时，要注意实际的效果，不要华而不实，最终影响实际的口感。如果过分追求造型，则会造成在菜品卫生上的不良影响。

（六）厨房产品的质感

质感，也就是菜品给客人带来了何种质量和口感方面的印象。质感的属性和内容十分的丰富，如弹性、胶性、纤维性和脆感等。菜品的质感影响着客人对菜品的实际满意度。所以，如果菜品的质地脱离了应有的范围和水平，就会让菜品成为失败的创造。

菜品在吃进嘴里之后，就会被齿龈和硬腭、软腭感受到。菜品被牙咀嚼之后，与口腔的接触面积会变大，味觉在这时也能够更加敏感地感受到菜品的味道。这些刺激的内容会让口腔感知到食物的质地感觉，最终传输给大脑。一般来说菜品的质地有五个方面的内容：

（1）酥

菜品在进入口腔之后，经牙齿稍微地咀嚼一下，就会被咬碎，变成了碎渣，在口中产生了一种微妙的阻力感，如香酥鸭。

（2）脆

菜品一进入口中就会顺着牙的力道裂开，而且是顺着一定的纹路裂开的，这种质地会产生一定的阻力，如清炒鲜芦笋。

（3）韧

指菜品进入口腔之后，口腔会感受到一定的弹性，咀嚼时的抵抗性不是很强，但是弹性维持的时间较长。对于韧的质感，食用者需要不断地咀嚼才能更加深刻地感受到，如"干煸牛肉丝""花菇牛筋煲"等。

（4）嫩

菜品进入口腔之后，嚼起来感觉较为光滑，一嚼就成为了残渣，弹性和韧性都比较小，如"糟溜鱼片""鸡豆花"等。

（5）烂

菜品一进入口腔中就化了，咀嚼的过程已经省略了，如"米粉蒸肉""红枣煨肘"等。

原料的基本性质和菜肴的烹制时间等内容决定了菜肴的质地能否受到大众的

欢迎。所以，在菜品的制作过程中，厨师应该将设计好的生产计划落实到烹制的过程中，生产出让顾客放心和满意的菜品。

（七）厨房产品的器皿

厨房产品生产出来之后盛放的容器就是器皿。其中，对器皿的使用也有一定的要求，不同的器皿应该适配不同类型的菜品，这样才能够让产品整体拥有最好的效果。菜品的数量应该与器皿的容量相协调，菜品的名字与器皿的风格应该是一致的，菜品的价格应该与器皿的价值相一致，器皿使用的好会让菜品呈现出来最好的效果。

虽然很多器皿对菜品的味道和口感不会产生过大的影响，但是对于需要长时间保温的菜品来说，器皿的质量在其中发挥着很重要的作用，如火锅、铁板、砂锅等菜品都需要考虑器皿的使用，这是因为器皿会对菜品的质量产生重要的影响。比如，如果做完了明炉豉油鳗鱼这道菜品之后，盛装的时候使用的是普通的盘子，而不是可以加热的明炉，那么菜品因无法进行加温就会很快失去温度，菜品的质量和口感也会受到很大的影响。可以总结出这样的规律，热菜最好使用有保温效果的器皿，冷菜用常温的器皿，这样最起码可以保证菜品不会受到器皿的干扰。

近几年，随着餐饮消费者对就餐的要求越来越高，餐具的变化是许多厨政管理者在竞争中取得先机的重要手段。

（八）厨房产品的温度

出品菜品时的具体温度就是厨房产品的温度。即使厨师做的是同一道菜品或同一品种的甜点，也会因为出品的温度不同，使得质量和口感产生一定的变化。比如，"蟹黄汤包"这道菜最好的食用时间就是其刚出品的时候，热着吃汤汁的口感也是最好的，如果等菜品的温度降下来了，那么汤汁就可能会出现腥味，给人一种油腻的口感，汤汁也可能会凝固。还有"拔丝苹果"，如果在刚出品时食用，则拉丝的长度和密度都让人比较满意，但是如果菜品冷却了，可能就成了一块糖饼，拔丝的效果也就很难达到了。所以说，菜品的质量在很大程度上取决于菜品的实际温度。专家和学者们通过研究发现，即使是同一种食品，也会由于温度的不同而产生口感的不同。

（九）厨房产品的声效

厨房产品会产生的声音就是厨房产品的声效。由于厨师设计菜品的不断创新和设计，导致消费者认为一些菜品在上桌的时候，应该发出一些声音，能发出声音的菜品就是合格的菜品。比如，一些类似于锅巴的菜品，"虾仁锅巴"等；一些铁板类的菜品，"铁板鳝花"等。当这些菜品上桌时，会发出"吱吱"的声音，说明菜品的温度是符合制作标准的，其质量和口感也能够达到适合的温度，这样的声音能够给餐桌带来热闹的气氛。如果应该发出声效的菜品没有发出声音，就说明在制作的过程中出现了一些问题，比如说制作的温度不足，或者是菜品的质量没有达标，或者是出品之后没有及时地上桌，这样的问题出现就说明菜品没有达到顾客心中的标准，让顾客觉得菜品没有制作到位，感到失望。

三、厨房产品质量评定

（一）厨房生产的过程

有多种因素能够对厨房的产品质量产生影响。无论是主观的因素还是客观的因素，无论是餐厅内部的因素还是顾客的因素，只要这中间有疏忽或者问题，厨房产品的质量就很难得到保证。所以，管理者需要对影响厨房产品质量的因素进行总结和分析，然后采取相应的措施进行解决，从而创造出高质量的厨房产品。

1. 厨房生产的人为因素

在制作的过程中，厨房中出现的人为因素，也就是厨房的相关员工在生产过程中对厨房产品质量造成的一定影响，这种影响可能是主观的，也可能是客观的。厨房的产品基本上都是通过厨房的员工手动生产出来的，所以员工的技术水平、体力程度、能力高低、学习的速度等都会对厨房的产品产生一定影响。另外，影响因素还包括厨房员工主观上的各种因素，如心情和情绪的波动等。员工工作的积极性和责任感也会受到员工情绪的影响。在积极情绪的影响下，人的工作效率会得到提高，而在消极的情绪下，人的活动能力就比较低，对工作的开展会产生不利的影响。

厨房员工的情绪可能会受到各种因素的影响，如人际关系、社会风潮、生理变化、婚姻家庭、领导作风、工作环境等，其中任何一种因素都可能会对工作的效果和积极性产生非常大的影响。如果员工的心情稳定了，那么其工作效率就会提高，厨房产品的质量也会得到提升。相反，如果员工的情绪经常产生变化和波动，那么其工作的积极性也会削弱，在工作中就会容易出现错误，厨房产品的质量也就很难得到保证。

2. 生产过程中的客观自然因素

菜品所用的原材料和调料质量会对厨房产品造成一定的影响。就像清代袁枚在《随园食单》里所说："凡物各有先天，如人各有资禀，人性下愚，虽孔孟教之无益也；物性不良，虽易牙烹之亦无味也。"如果原材料的质量比较高，再保证烹制的过程中不出现差错，产品的质量就能够得到保证；但是，如果原材料的质量不过关，如较硬较老或者是太小太碎了，就算厨师有着再高超的烹饪技术，产品的质量想要达到原有的目标，也存在一定的困难。

厨房在生产的过程中，还有可能遇到一些预料不到事情，或者是不可抗力的因素，都会对厨房产品的生产产生一定的影响。另外，炉火的火力等，也会影响菜品的质量，因为在冬季的时期，厨房中如果使用的是天然气或者煤气，则可能出现炉火火力不足的情况，导致需要大火炒制的菜品的质量得不到很好的保证。比如，厨房中使用柴油做燃料，如果柴油燃烧不够充分的话，就可能会影响菜品的口感，也会导致菜品质量下降。

3. 服务销售附加因素

厨房生产的环节结束后，餐厅的服务也是影响体验的一个重要内容。有一些菜品的最终环节还需要在餐厅中展示。比如说火锅、铁板等菜品，火焰和堂灼等烹制的方法，还有涮烤等制作方法都需要在餐厅中开展，所以，服务员的服务水平，以及其对菜品的加工和处理，都会对菜品的质量产生一定程度的影响。所以，要重视菜品的出菜与服务过程的衔接，也就是让厨房和餐厅配合、协调好，让出品的过程更加顺畅，进而保证菜品的质量。

餐厅销售的各种菜品的价格是由餐厅部门统一制定的，不同群体的客人对价格的接受水平也存在着差异，这种差异主要是由客人的用餐经历和经济收入所导致的。在评价厨房产品的质量时，顾客也会因为菜品的价格不同而产生评价上的差异。

（二）消费者感官评定

顾客在对菜品进行品尝和评价时，是从不同角度出发的，评价的范围包括菜品的外形、品尝的味道、菜品的结构等。顾客在品尝和感受时，主要使用的是身体中的感觉器官，也就是眼睛、鼻子、耳朵、口腔和手。虽然手很少直接接触到菜品，但是手的触感也可以帮助顾客了解菜品的实际感觉。所以，顾客在对菜品作出评价的过程中，主要使用的是过去的经历和感觉，并结合各种评价的准则，结合感官上的经验得出的。餐饮实践过程中最经常使用的方法就是感官质量评定法，这个方法也是最方便和最简单的。这个方法就是在品尝的过程中充分调动自己的实际感觉，从而对菜品内容进行评价的方法，也就是利用眼睛、鼻子、耳朵、口腔和手的感官，通过夹取、咀嚼、品尝、观看、嗅等多种方法，从菜品的外形和颜色出发，感受菜品的味道、品质、温度等内容，从而确定菜品的质量。

1. 嗅觉评定

嗅觉评定就是在评定菜品的气味时使用嗅觉器官。菜品的原材料是菜品气味的最主要来源，在制作菜品过程中，厨师可以通过调味料等增加丰富的香气。如果能够保持好原材料的气味并能够添加让人喜欢的气味，就是好的产品；如果在烹饪的过程中，失去了原材料的好闻气味，或者使用的调料不当，产生了让人不快的气味，那么菜品质量就是低下的。

2. 视觉评定

视觉评定主要使用肉眼的经验对菜品的外部情况进行分析和总结，比如颜色、光泽度、造型等，还要对菜品和器皿的协调性，装盘的艺术性进行评定和欣赏，从而判断出质量的好坏。菜品也要充分利用自然的色彩，对原料进行合理的搭配，使得色彩更加的自然和谐、光泽丰富、外形优美，这就是合格产品的基本标准。如果原材料合格，但是刀工呈现的效果不佳，或者调味用多了，成品的颜色比较黑，则都是质量不高的产品。

3. 味觉评定

人可以使用舌头的表面与食物进行接触，在受到味道的刺激时做出一定的反应，进而对不同的味道进行分类处理。菜品的味道是否足够地道准确，是否符合要求，味觉的评定发挥了很重要的作用。菜肴基本上都具备了丰富的口味，只有甜品的味道是比较单一的，主要以甜味为主，并伴有一些香味，其他的菜肴绝大部分都具有复合类型的口味。在烹制菜品的过程中，厨师应该要把握好调料的比例，使用的种类也应恰当，口味才比较纯正，这样的产品可以算作是合格的产品。如果菜品的味道经过烹饪之后，仍然不够突出，模糊不清，味道寡淡，则为不合格的产品。

4. 听觉评定

听觉评定主要针对的是应该发出声音的菜品，如锅巴或者铁板类的菜品，在出菜时应立刻上桌，以便让顾客更好地判断菜品的质量。顾客通过判断菜品的声效，可以感受到菜品的温度和质地是否符合标准，同时还能够对餐厅的服务水平进行评价，如果菜品在上桌的时候发出了声效，并且香味也十分的浓郁，就可以说明饭店和餐厅的服务质量是达标的。如果菜品的声效不足，或者声音过小，就要重新对菜品的质量进行判定。

5. 触觉评定

触觉评定使用的部位是非常多的，如人的舌头和牙齿，此外手也可以发挥一定的作用，可以起到感觉菜品质地和结构的作用，从而起到辅助判定菜品质量的作用。顾客可以通过咀嚼时的口感判定菜品的鲜嫩程度，通过菜品与口腔的接触也能够进行温度上的判断；可以用手直接掰开食材、检查食材的软硬度和状态等；也可以使用筷子和勺子等工具，检查菜品的软嫩程度。菜品如果软硬的程度比较恰当，并且咀嚼起来，没有什么阻力，就是质量较高的菜品。菜品如果出现了干枯和僵硬的感觉，就是质量不合格的产品。

在开展菜品质量的评定过程中，最重要的就是将几种方法结合起来使用，厨师只有这样才能够更好地掌握菜品的制作过程。比如对烤鸭的质量进行评定时，不仅仅要对鸭子皮的光泽度和香味进行评价，还要使用筷子或者手感受一下表皮是否足够酥脆，再品尝一下口感是否符合标准。如果咀嚼的感觉比较脆、酥、细、嫩等，就能够对烤鸭的质量进行综合评价了。

三、产品生产全过程质量管理

（一）厨房产品质量控制的基本要求

在进行厨房生产的质量控制时，管理者必须提前考虑好质量生产的标准，并对能够影响生产质量的各种因素进行分析和控制。为此，厨政管理必须做好以下几个方面工作：

1. 制定菜点生产的操作规程和质量标准

在对餐饮产品的质量进行控制之前，就要设定好合理、科学的操作规程和质量标准。想要实现菜品质量的提高，必须将菜品的质量标准制定到位。在制定菜点质量标准和菜点操作规程时，要根据餐厅和厨房的不同情况和生产特征，制定出符合产品质量要求的程序和标准。并且要在原料的购进、处理直到烹调的各环节都重视质量的标准，从而使得厨房生产出来的菜品能够符合质量的要求，拒绝和禁止粗制滥造的菜品。

2. 提高厨房生产人员的技术水平

要努力提升厨房生产人员的技术知识和业务水平，这是提升厨房产品质量的根本方法。如果要提升产品的质量，就要对生产人员进行多样化、多角度的专业培训。对不同等级和水平的厨师进行专业化的培养，培养出一支呈现阶梯型的专业队伍，帮助提升厨房管理的水平。不仅要对厨师进行培训，还要培训厨房不同岗位和工种的工作人员。要想提高厨房从业人员的整体素质，还要从不同的角度和方法提高工作人员的专业水平和职业素养。只有这样，菜品的质量才能得以保证。

3. 建立产品质量检查制度

如果要对厨房的生产过程进行有效的监督，就要开展质量检查。为了严格把控产品的质量，就要设立一定的质量检查专业组织，并培训好从业人员的素质，把握好菜品生产的质量。对于不合格的菜肴，坚决不允许上入餐桌。

4. 加强生产设备管理

厨房中有许多不同种类的生产设备，厨房的生产需要这些优良的设备作为保障。工作人员在使用厨房设备的过程中，不仅要坚持正确的使用方法，还应该进行正确、合理的设备管理，设备使用了一段时间之后要进行定期的维护和保养。

（二）厨房产品质量控制方法

由于生产过程涉及多种类型的因素变化，厨房的产品质量可能出现变化和波动的情况，所以，厨房管理者需要对生产出来的产品进行质量上的控制和把关。德瑞克·凯西（Derrick casey）提出了这样一种观点，质量控制的主要内容就是对产品的原材料和产品的最终质量进行控制，最终目的是防止不合格的产品出现。所以，我们应该计划并采取各种有效率的控制手段，使得厨房生产出来的菜品符合实际的要求，并经常处于高质量的状态。

1. 阶段标准控制法

（1）食品原材料阶段的控制

采购、验收和储存原材料都属于原材料的控制阶段。在这个阶段中，厨房管理应该重点对采购的规格、验收的实际质量和储存方法做出控制。

原材料的采购应该按照采购的规格规定进行，才能够让原材料发挥出最大的实际作用，让加工和生产等环节更加轻松。如果一种原材料的采购没有相关的标准，那么也应该以方便生产的目的，尽量采购质量较高的，规格中上等的物品。

要想保证原材料的质量，就要重视验收的质量。在采购的阶段应将质量较低的原料排除出去，这样可以减少后续生产上的许多麻烦。在验收各种原料时，最重要的就是按照采购的标准和规格进行；如果对验收的规格标准不太清楚，则应该请相关的专业人员进行验收工作，确保验收的质量。还要加强对储存过程中的管理，防止因为储存的问题对产品的质量产生负面的影响。要对原料的性质进行区分，储存之前先分好类。并且要及时清理和检查储存的库房，保证输出的原料都是质量较高的。厨房在提走原料之后，也要保证库房的井然有序。

（2）食品生产阶段的控制

在保证生产原材料的数量和质量之后，就应该开始重视食品生产阶段的加工过程和烹调的质量。

菜品生产的第一环节就是加工和处理，这个环节也是原材料接收的一个环节。在原材料投入使用之前，先要在这个环节进行质量上的把关，所以在领料之前，要严格计划好，并且要检查好加工原材料的质量，确认好原材料的质量之后，才能够进行生产。根据烹饪的实际需要，工作人员开始处理原材料，在开始之前要了解处理的标准，培训合格之后才能够开展。

在原材料处理和加工完成之后，对于一些动物、水产类的原材料还需要进行上浆的环节，这一环节会影响菜品出品的光泽和口感。如果不制定统一的标准，那么烹调出来的成品将很难控制好质量。所以，管理者应该对上浆的环节做出统一的标准，便于进行规范的操作。

配份就是对菜品的原材料和组成分量进行安排。对于菜品中主要用料和配料的使用应该进行着重的控制。在取用原料的时候，配份人员要按照菜肴的配份规格标准进行，对原材料进行称量，从而更好保证原材料的品种和数量，并且随着菜品的创新和成本的实时变化而调整。如果有必要的话，还应该及时调整用料的比例和用量，从而落实和执行规定。

通过以上两点内容，可以发现，如果要实现阶段标准控制法，就必须掌握三个要领：一是必须根据不同的环节标准对原材料的使用进行细致的规定；二是要进行多次的培训和指导，让相关工作人员明确规格和标准的内容；三是根据原材料使用和处理的程序，对不同岗位进行检查，在标准得到确认之后，按照标准执行。阶段标准控制法强调的是对不同环节和岗位的内容进行控制和检查，所以，如果想保证这一方法的顺利实施，就要建立和执行好检查的系统和制度。

2.岗位职责控制法

这个控制法的内容就是强化不同岗位的职能，并加入检查的作用，更好地控制产品的质量。这一方法的实施主要有两个方面的内容：

（1）厨房所有工作均应有分工

要想让厨房的生产标准有所提高，不同岗位之间的工作就应该得到落实和实施。厨房中的生产岗位是十分复杂的，不仅仅包括炒菜和切配等，还有一些零散的工作内容。这么复杂的工作环节如果想要达到有序地运转和实施，管理者就要对工作的内容进行合理的安排和明确的划分，并明确每个岗位的工作职责，从而控制好每个环节的质量，更好地改进和控制工作质量。

在厨房工作过程中，管理者应该重视工作的协作，不同岗位承担的任务应该是比较容易能够完成的，而不是复杂和压力工作的集合。也不能够将操作的难度设置得太高，以免让操作变得十分困难。在明确了不同岗位的职责之后，工作人员要形成高质量完成自己工作内容的意识，让每名员工都能够在自己的岗位上做到最好，这样一来，产品的质量也就有了保障。

（2）厨房岗位责任应有主次

厨房员工要在分配工作的时候明确岗位的内容，每个岗位承担的责任并不能够均等，一些价格高昂的菜品制作应该由掌握较高技术难度的头炉、头砧等重要岗位承担。这样的岗位划分不仅能够提升厨师的制作水平，还能够将责任明确地确定下来，减少质量事故的发生几率。对产品生产影响较大的工作也应该由主要的工作岗位完成，比如调配调味汁，或者是制作点心内馅等内容，这样能够提升产品的质量水平。当客人对菜品的口味提出了批评或者是赞赏，都由厨师对这一菜品负责，这个职责的安排应该由厨房打荷岗位进行负责。打荷在安排出菜的订单时，可以在订单上做好厨师的不同标记，更加方便监督者检查，这种设置是比较方便和简单的。

对厨房生产影响不大的，不关键的岗位也不是没有责任的，只不过他们承担的责任比较小。从根本上说，厨房的生产过程是一个环环相扣的工程，如果一个岗位出现了不协调的问题，就有可能出现影响菜品质量的情况。所以，不管在任何岗位工作，员工都要有认真和负责的态度，并积极接受厨房管理者的检查，积极配合完成厨房中的不同工作任务。

3. 重点控制法

这个控制法主要针对的是厨房生产阶段中质量最容易出问题或者存在重要任务和重点客情的内容，以及对重要餐饮活动进行督导管理，最终的目的还是要提高厨房产品的质量。

（1）对重点岗位和环节的控制

通过对厨房生产环节和阶段进行评价和检查，寻找出最能够影响或者对生产过程产生极大负面影响的岗位或者生产的环节，并以这个环节为根本的出发点，更好地控制生产的过程，提升工作的水平和质量。比如，在高峰时期，厨师出菜的速度不能满足客人的需求，对菜品的质量控制也不是很稳定，在检查之后可能发现，炒菜的厨师的动作不够熟练，在重复操作上浪费了很多的时间，不能很好地把握住菜的品质。经过研究和分析，发现原来是因为炒菜的厨师多为新招聘上来的，缺乏炒制和调味的经验。所以，厨房管理者就要从专业知识培训入手，加强对这一环节的控制，提高出菜的速度，以防将质量不合格的菜品送上顾客的餐桌。这样一个例子，在一段时间之内，许多客人都反映在宴会中用过餐之后，很快就有了饥饿的感觉，原来是因为宴席中的菜品数量增多了，但是配菜的分量减少了，所以在分菜之后，每个宾客实际能吃到的分量变小了。为了更好地应对这样的问题，厨房管理者应该对配菜的分量进行控制，从而保证配菜的规格和之前保持一致，让参与宴会的客人都能够获得足够的菜品。所以，重点的岗位和环节并不是固定不变的，在面对不同的问题时应该及时调整好工作的内容，对工作的内容进行控制和检查。这种控制不是出现了一个问题就将重点转移到问题那里，而是根据厨房生产的宏观目标进行调整。

确定好厨房管理的重点是这个方法使用的关键，而重点的确定主要是通过对厨房环节进行细致的检查而完成的。在检查厨房产品质量的时候，可以使用管理者自己检查的方式，也可以在调研就餐客人意见的过程中获得相关的信息内容；另外，还可以根据厨房工作的环节内容，聘请外部的专家进行考核，通过全面的分析找出问题，并进行重点控制。

（2）重点客情、重要任务控制

如果能够很好地控制重点客情和重点的任务，那么厨房工作的实际效益会得到很大程度上的提升。

在处理重点的客情和任务时，厨房管理者要注重任务制定开展过程中的针对性，包括原料的使用和菜品的出品，在生产的全过程中都要保证可靠和安全。负责管理厨房生产的人员要对每一个环节和岗位的工作进行详细检查，还要尽可能选用技术较高、心理素质较高的厨师制作。在菜品的制作过程中，不仅要保证菜品的设计足够新颖，还要保证制作过程中的用料安全，不能和其他菜品混淆。

（3）重大活动控制

比较大型的餐饮活动可以为饭店带来较高的经济效益，但是菜品制作过程中也会消耗大量的食品原料。所以，加强对重大活动菜品的控制，可以节省原料使用的开支，也能够为饭店的品牌带来一定的社会影响力，通过客人口口相传的好评提升餐厅的形象。厨房管理者应该能够较为清楚地认识到这一点。

厨房管理者如果想控制好大型活动的开展，首先应该从菜单的制订入手，并将顾客的群体结构考虑进去，与原材料的储存情况和市场情况结合在一起考虑，列出一份符合活动主题和季节特点的菜单，并且保证这份菜单能够被活动的大多数参与者接受。然后，厨房管理者要安排原材料的使用，并对厨房的人手进行调整和安排，保证各类菜品的及时出品。厨房管理者和技术人员应该在第一线指导工作，在主要的工作岗位上工作，方便及时对产品的质量进行调整。在大型活动中，厨房中应该设立一个临时的总指挥负责全局的工作，保证出品的时间和安排，要及时对走菜和停菜等工作内容进行沟通和安排。在重大活动开展时，应该提供有力的保障，对生产过程中的卫生进行把关。在过程中，做好产品留样工作，以便后续的检查需要。在大型餐饮活动中，需要的冷菜量特别大，所以，厨房管理者要尤其注意过程中的卫生。另外，要控制好冷菜的装盘和存放内容，避免影响热菜的口感。

（三）生产前的质量控制

从采购原料到菜品的生产过程属于厨房的生产和运转环节，主要可以分为三个阶段，分别是采购原材料、储存原材料、菜点生产加工及菜点消费。如果认真开展每一个阶段的质量控制，就可以实现生产全过程按既定标准执行，从而达到控制产品质量的目的。生产前的质量控制就是加强对原料的内容控制，主要包括原材料的采购、验收和储存三个基础环节，应重点对原材料的采购规格、验收水平和储存管理标准进行控制。

1. 原材料采购质量控制

要按照采购的要求对所有菜品需要的原材料进行采购，保证购买的原材料能够发挥出最大的作用，让加工生产的环节变得更加方便。即使没有对采购的规格做出统一的要求，也应该从菜品的质量控制和制作要求出发，提供质量可靠的原料。

2. 原材料验收质量控制

验收时，验收人员应该细致认真，提高原材料的进货质量。这样做的目的是将质量较低的原材料拒绝在饭店和餐厅之外，提高餐厅的生产的质量和水平。验收人员还要对各种原材料进行验收，在过程中应该按照采购的标准进行。如果采购的原材料没有按照规定的标准进行，或者是对质量的内容不清楚的，则应该聘请外部的专业厨师和行家进行检查，而不应该随意决定。

3. 原材料保藏质量控制

①加强对原材料储藏的管理和分类，避免出现因为保管的问题而造成产品质量的下降。

②要对原材料的性质进行甄别，区分开不同的类别，然后再进行储藏。

③另外，要重视对再制原材料的管理，如泡菜、泡辣椒等原材料的需要量大，必须派专人负责。

④对厨房已领用的原材料也要注意管理，保证原材料的卫生和高质量。

（四）生产过程的质量控制

厨房产品生产可根据产品的特点分为热菜制作、冷菜制作和面点制作，要加强分类管理，具体如下：

1. 热菜制作过程的质量控制

热菜制作全过程主要分为原料初加工、切配、烹调、出品等几个环节。

（1）初加工过程的质量控制

菜品生产的第一个环节就是初加工，这个环节也属于原料申领和接受的范围。初加工的环节也是对厨房原材料质量进行确认的环节，所以，要对原材料的领用进行严格的计划，并确定好各类原材料的质量标准，经过确认之后才可以进行生产。在进行初加工的过程中，一定要提前制订好加工的规格和标准，然后进行烹调的工序，保证加工质量。餐饮企业要按制定的标准食谱的要求做好菜点规范作业书，明确经营菜品的加工规格和要求，让每个岗位的员工熟记并严格执行。此外，还要建立干货原材料胀发参考标准、原材料净料率参考标准。

（2）切配过程的质量控制

切配过程所用的原材料主要来自初加工部门，初加工的下游部门要对初加工质量严格把关，不合格的要重来。切配过程包含切割和配份两个方面。

①切配过程关系到各种原材料的加工成型规格，因此，建立原材料加工成型规格标准书显得十分重要，它将作为这个岗位的员工的工作标准。原材料加工成型规格标准书与菜点规范作业书并不冲突，是在菜点规范作业书基础上将加工要求提炼出来，只针对成型规格专门编写的，方便在工作岗位区域进行粘贴，让厨师能够更好地运用。切配环节有一项很重要的工作就是在接受顾客点餐单后必须快速分单，将点餐单上的菜肴按烹制类型、难易程度、炉灶分工等方面要求迅速分解，合理安排，准确配搭。这项工作关系到厨房产品的出品速度和质量。切配环节可以采取分组分类管理，将标准食谱的内容拆分、重组，按厨师技术实力和

水平分配任务，专业细化、重复操作，能够保证切割质量、配份水平达到一个较好的效果。

②配份是决定菜肴原材料组成和分量的关键岗位。从事这个岗位的员工必须熟记标准食谱，在工作中对菜肴主料、辅料严格按标准进行配份，该称量的必须要称量，尤其是一些高档的干货胀发原材料如鱼翅、燕窝等，还有一些批量制作的菜肴如蒸菜、烧菜等，都需要准确称量。这样既控制好了成本，又保证了菜肴的准确搭配，利于口味稳定。

（3）烹调过程的质量控制

如果想让菜品从原料转换为成品，就要使用烹调的方法，这个方法可以确定菜肴的风味、光泽和口感等内容，而且加工中的变化是十分微妙的，质量的控制是非常重要的一个内容。这个环节质量控制的主要内容应包括烹制数量、成品效果、出品速度，为此要规范烹调岗位的操作，使其按标准规范操作，减少出品损耗率，从而达到标准质量。

有效保证烹调过程质量的方法有很多。比如，在进行大批量的烹制之前，就可以将菜品中需要的调味料进行处理，保证使用的方便和快捷，减少因为质量控制的差异导致的味道不同，将菜品的口味和质量保持一致的水平。对蒸菜、烧菜这类批量加工烹调的菜肴，也可如此操作。又如，厨房的菜肴多种多样，不是每个炉灶厨师都能够很好地烹制每道菜，厨房管理者要根据厨师的个人专长，确定每个炉灶岗位的烹制菜肴。每个厨师经常性烹制的菜肴一般控制在10~15个，不宜太多。这样，厨师反复研究、磨炼，就会有更多的体会和收获，这组菜肴的质量就能够得到保证。另外，炉灶厨师要与墩子厨师配合默契，就应在配菜中做一些约定，便于墩子厨师所配菜肴能够让炉灶厨师看后完全明白应当烹制什么菜肴，这种约定很重要，在嘈杂的厨房内多说话不方便，做到心领神会，可以节省体力、提高效率，从而保证质量。

（4）打荷过程的质量控制

打荷是连接炉灶和墩子的纽带，能够有机地将炉灶厨师、打荷厨师、墩子厨师联系起来，形成一条条生产线，即一个炉灶厨师、一个打荷厨师和一个墩子厨师组成一条生产线，每条生产线烹制不同的品种，每个产品都会被纳入某条生产线中，厨房生产线路就很清晰，工作中出现的问题可以很快被发现、解决，从而保证产品质量。所以，打荷岗位要熟悉所在生产线的全部产品及其内容，很好地将炉灶和墩子两部分有机联系起来，帮助墩子给炉灶输送原料，帮助炉灶做好出品工作。同时，装饰菜肴的小配料要保质保量备好，并妥善保管。

（5）出品质量控制

出品质量控制是菜肴质量控制的最后一个环节，主要包括两个方面，一是菜品出锅装盘；二是送到客人餐桌上。只有将这两个方面的质量控制好，才能保证菜肴的出品质量。

菜品出锅装盘的质量强调的是选什么盛器、怎么盛装、做什么装饰，这些都必须按标准食谱规定的内容严格操作，不得随意改变，突出菜肴主题，保证出品干净卫生。

在将菜肴送至客人餐桌上时，强调的是两项服务内容，分别是备餐服务和餐厅上菜服务。备餐服务指的是要准备好菜品中需要的调料、器皿和用品。作料的配置一般是比较简单化的，便于服务人员备餐操作，如为白灼菜肴配上芥末味碟、豉油味碟等。食用器具或用品配置要得体、干净，如吃蟹配夹蟹的钳子、小勺，吃田螺配牙签等。服务员的上菜服务要具备一定的标准，将菜名准备好。如果菜品在品尝的时候有什么需要，则应该向顾客主动介绍。

2.冷菜制作过程的质量控制

冷菜，顾名思义即冷食，卫生质量是第一位的，要把卫生安全观念和做法贯穿工作的始终。冷菜制作相对比较独立，主要工作由冷菜部门自行完成，如烹制、调味、出品等，这是冷菜制作质量控制的重点环节。而初加工产品一般与热菜共享。餐饮企业必须按标准食谱的内容，为冷菜部门建立一套完整的菜点规范作业书，以便指导、规范冷菜操作的全过程，保证产品质量。如果冷菜加工的规模较大，则可以按产品类型分类管理。

（1）加工烹制过程的质量控制

初加工环节如果没有特殊的要求，只需要开出加工明细单，由热菜初加工部门加工完成。对于有特殊要求的初加工，要求冷菜厨师按标准食谱的规定自行完成，其具体内容可以参考热菜初加工质量控制的内容。

冷菜分为需加热和不需加热两类菜肴。需加热的冷菜即热作冷吃产品，这类产品较多。其烹调加工一般是在开餐前利用热菜炉灶批量制作，凉冷后备开餐使用。这个过程的质量控制的重点是菜肴切割、配份、烹制、调味。对于不需要加热的冷菜，在准备期控制的重点是切割、配份。

（2）出品质量控制

出品是冷菜制作的重点环节，对加工过程的卫生要求极高，对工作环境、工作设备及工具、个人卫生的要求都很高。所以，对冰箱的管理在冷菜环节也显得十分重要，要按原料或成品食物冷藏的要求做好清理和利用工作。另外，选择合适的工具、用具十分必要，如不同的刀具、塑料薄膜手套、筷子、口罩等。只有保证了卫生质量，控制其他方面的质量才有意义。出品环节主要的内容涉及切割、配份、调味、装盘等，对这些环节的控制均要按菜点规范作业书操作。

3. 面点制作过程的质量控制

面点制作和冷菜制作相似，也是比较独立的一个工作。餐饮企业必须按标准食谱的内容，为面点部门建立一套完整的菜点规范作业书，以指导、规范面点操作的全过程，保证产品质量。如果面点加工的规模较大，则可按产品类型分类管理。

（1）加工准备过程的质量控制

面点制作环节的初加工产品一般与热菜共享。面点制作的半成品加工制作很多，也是开餐前的主要工作，包括调制面团、下剂、擀皮、制馅、包卷（裹）成型、冷藏、冷冻等。这个过程的质量控制主要涉及配份、规格、烹制、调味，其中配份和成型规格最为重要。

（2）烹制出品过程的质量控制

面点产品的烹制主要有蒸、煎、炸、烤、煮等方式。每种产品选择什么烹制方式，处理到什么程度，都必须按菜点规范作业书的要求来选择和处理，不得擅自改变。面点产品的装盘比较精致，盛器选择要相适应，装饰要简单，不要喧宾夺主。

（五）生产后的质量监督与检查

厨房产品质量管理不能只依靠厨房标准食谱和厨房规范作业书规定的内容和办法进行管理，标准食谱和厨房规范作业书是厨房工作的产品标准手册和技术操作规程，是用来正面指导厨师在厨房内进行的各项技术性工作，是餐饮企业管理制度的组成部分。除此之外，在餐饮企业管理制度中，还必须建立一套产品质量监督体系，保证在生产过程中督促员工能够自觉执行这些标准和操作规程。

1. 建立厨房产品质量监督体系

厨房产品质量监督体系就是通过收集厨房产品在经营活动中的信息、评估厨房生产效果、从全方位多角度对厨房的工作进行质量的监督和控制，使厨房工作的质量不断提高，更好地保障产品的质量。

（1）不断完善和健全厨房管理的规章和制度

厨房工作有了明确的各项规章之后，再进行工作的管理，能够更加科学、合理，不断提高厨房工作的质量和水平。

①厨房工作检查制度。由厨房的行政组织带头，带领各个厨师长对厨房的内部工作进行协调和完善，并进行不定时、不定内容的检查和监督；厨师长要安排好下属的主管对其班组的工作进行定项和定时的检查；领班每天都要检查自己负责的日常工作。厨房管理者通过厨房的工作检查制度既能够及时获取工作的信息，又能够实现对工作过程的控制。

②厨房工作督导制度。这个制度是对厨房工作的监督和指导，并且要快速、保质保量地完成监督和指导的工作，必须提前完善工作的制度和标准，建立好工作的记录制度。厨房工作督导制度是餐饮企业工作督导制度的补充，督导工作一般是由公司质检部门组织，定期、不定期地深入经营活动全过程之中，通过现场观察、与顾客访谈，准确了解顾客反映的问题，从专家的角度了解并剖析厨房工作存在的问题和厨房产品出现差错的原因，编写成简报，及时向公司领导、餐厅经理、行政总厨通报厨房工作情况，提出改进意见和建议。胜任督导工作的人员一般是有餐饮业工作经历的资深人士。在实际经营过程中，这样一位督导可以直接为厨房产品出品进行把关。

另外，顾客对厨房产品的评价也是厨房产品质量监督体系的重要内容。在很多时候，顾客对产品是不作评价的，他们的行动是最好的评价，喜欢、好吃，就会再来。同时，顾客的评价是多样的，厨房管理者要认真分析、真正抓住对工作有益的，才能对工作的改进、产品调整带来实效。

（2）引入全面质量管理理念

厨房管理者要能够提前引入厨房产品的质量控制内容，从而避免厨房产品的质量下滑，在餐饮企业经营蒸蒸日上的时候，增加这种制动力尤显重要。

厨房产品生产是一个有机相连的系统工程，是靠若干的加工、烹制环节相互配合而形成的。如果有一个岗位和工作出现了不协调、不配合的现象，菜品的质量和出品都可能受到很大的影响。所以，厨房产品质量意识要灌输到每个厨房员工头脑中，在每个岗位环节都能够体现出来。同时，要将检验和控制的环节和预防的目的结合起来，从而让问题在产品生产中得到解决，管理好生产的过程，让影响产品质量的各种因素和环节都更紧密地结合在一起，形成一个整体的效果，更加方便对生产质量进行控制。

（3）建立规范的厨房产品质量评估体系

这是现代餐饮企业经营的必然要求。质量评估体系是一把双刃剑，正确评估可以提高员工的积极性和主动性。相反，则容易造成员工积极性受到挫折，影响到工作。企业可以组成多个产品品评小组，定期或不定期对厨房产品进行品评，将意见和建议以书面的形式反馈给餐厅、厨房，企业留存底稿，作为周期性考核的依据。

2. 实施厨房产品质量检查

按照拟定的标准食谱、菜点规范作业书、厨房工作管理制度和厨房工作督导制度的要求，组织各个层面的质量检查工作。首先，确定质量检查的项目和实施的标准。然后，对工作检查的具体内容做好记录，这既是评价厨房工作的证据，又是员工考核的依据。再次，对收集的问题进行分析，找到问题的根源，提出下一步改进意见。厨房产品质量检查、控制的方法很多，除前面已经提到过程控制方法外，岗位职责控制法也是一个很好的方法。它是利用不同的岗位分工，从而对每个岗位的职能进行强调，并开展检查和监督的工作，控制和监督不同岗位的工作内容。它主要强调两点：一是厨房产品质量要符合工作的标准和要求，厨房中的每项工作都要进行分工和落实，加工生产各环节的质量都有人负责，检查和改进工作也才有可能实现。二是厨房的所有工作虽然都进行了分工和落实。只有这样，但是不同岗位的工作责任也不是同等重要的。头炉、头墩等重要的岗位应该负责价格较为高昂、规格较高的菜品制作，这样在提升厨师制作水平的同时，也能够明确好生产的责任，最大限度地避免质量问题的发生。这一点在厨房工作过程中可以有针对性地进行检查。

第二节　生产成本控制

一、厨房产品成本

厨房产品成本是内化在厨房产品中的物化劳动价值和劳动消耗中为补偿自身付出劳动的价值，而表现出来的货币价值。如果从书本上的理论出发，食品原材料的价值和生产过程中厨房出现的各种设备用品消耗，都属于物化劳动价值的内容，这些物化的劳动价值有的以间接形式体现出来，有的以直接形式体现出来，变成厨房产品成本中的一个重要组成部分。活劳动消耗中为补偿自身付出劳动的价值，就是厨房中劳动力付出的为了维持厨房生产和再生产的价值，在价值中的体现一般以工资和奖金为主，这些内容也是厨房产品成本的一个组成部分。

（一）厨房产品成本的构成

在计算厨房产品的成本时，一般主要计算的是食品原料的成本，原材料一般包括主料、配料和调料。

厨房产品的主要原材料是主料，并占据了主要的成本份额。厨房产品中的辅助材料是配料，这些内容的成本份额是比较小的，但是配料的种类是十分丰富的，有的配料种类比较小，有的配料种类比较多，甚至可以达到十几种的类型，使得产品的成本构成也变得比较复杂了。厨房产品中的辅助材料为配料，一般可以提升食品的色、香、味、形等成分。调料虽然品种较为丰富，但是调料的使用量却不多。

原材料的主料、配料和调料的价值一起构成了菜品的成本。在经营餐饮的过程中，还有酒水的销售，其中，鸡尾酒是饭店宾馆、涉外餐馆的重要产品。由此，厨房产品的成本构成可以分为狭义和广义两种。

（二）厨房产品成本分类

为了更好地控制成本，并更好地处理成本的计算，在形成成本的过程中运用了多种的方法，将成本分为了多种类型，可以从不同的角度分为不同的种类，其基本分类方法主要有以下几种：

（1）按照成本与产品的关系进行划分

①直接成本就是在生产过程中直接损耗的成本，不用经过分摊的过程就能够进入产品的成本中，如直接耗费、直接人工、直接材料等。

②间接成本是指成本在进行分摊之后，才能够加入到产品中，如销售、维修、管理等不同的作用。

对于直接和间接成本的划分能够为计算和控制厨房产品的成本提供一定的依据，成本核算以直接成本为主，如主料、配料和调料成本等。间接成本在分摊的过程中存在一定的困难，可以流通费用为主，这就为厨房产品的成本核算提供了方便条件，有利于提高成本核算的准确度。

（2）按照成本的可控成都进行划分

①可控成本是在厨政的工作过程中，通过人为的努力可以改变的各种消耗成本。在厨政的工作过程中，有一些原材料、用品和燃料等损耗是可以避免的，并通过人为的努力进行合理的使用和控制。

②不可控成本是指部门员工很难加以控制的成本损耗，如劳动的工资和奖金、房屋的租金、利息的分摊等。这些在一定经营时期是很难通过部门人为的努力而加以控制的。

可控成本和不可控成本的区分也为成本的控制过程提供了一定的理论基础，可以让厨房管理者将主要的问题解决精力放在可以控制的成本之中，从而减少成本的损耗，提高经济的效益。另外，对于不可控的成本，管理者要减少对其控制上的精力，提高管理工作的效率。

（3）按照成本的性质进行划分

①固定成本是指在一定的时间阶段内，不会因为厨房的生产经营状况发生改变的成本。在产量和销售量都不是很乐观的情况下，这些成本也是不会产生变化的，如餐厅的折旧费、装修费用等。但是，固定成本也不是永远一成不变的，如果产量的水平超出了现在生产能力的水平，那么设备的数量可能就需要增加，所以固定的成本也会增加。同时，固定成本受到销售量的影响是相对不变的，所以，如果销售量得到了提高，在一个单位内负担的成本也就会降低。

②变动成本是指根据销售量变化而变化的成本。例如，烹饪原料、洗涤费用、部分能源耗用等都属于变动成本。如果销售量持续增加，则单位产品的变动成本

不会有改变。

③半变动成本是指销售量发生了一定的变化，但是成本的变化不会按照一定的比例进行变化。半变动的成本和变动成本有一定的相似之处，但是半变动的成本不会像变动成本那样按照一定的比例变化。半变动成本包括餐具、厨具的费用，还有水电、煤气的费用，以及人工的费用。对于全部领取固定工资的正式员工的厨房来讲，人工费用属于固定成本；当餐厅营业量较大而雇用临时工时，人工费用则不完全是固定成本，而是半变动成本。

在厨政管理上，将成本分为固定成本和变动成本，对本企业成本预算、盈亏分界点的确定、价格决策以及其他管理决策都是十分有用的。

（4）其他有关成本概念

①标准成本是指在一般的经营情况下，厨房的生产和服务内容应该占据的成本。为了更好地控制成本，餐饮的企业通常要提前确定好单位的标准成本内容，如菜品的成本、每位客人的标准成本、标准的成本总额等。

②实际成本也就是在厨房生产中实际损失掉的成本。在实际的生产过程中，标准成本和实际成本是存在一定差异的，这个差异就叫作成本差异。

③单位成本是指每份菜肴、每杯饮料的平均成本。了解单位成本能更好地制定销售价格，判断单位产品的获利能力。

④总成本是指在一定时期内所有食品的成本之和。了解总成本能从总体上了解成本与销售额之间的关系，确定企业的总体获利能力。

（三）厨房产品成本结构的特点

1. 变动成本比率大

在厨房生产的成本费用里，营业费用不仅包括食品饮料的成本，还有正常的原材料损耗等变动成本。这些成本和费用随着销售量的增加而成正比地增加。这个特点意味着厨房产品价格折扣的幅度不可能像客房价格那么大。

2. 可控成本比例大

大部分的成本费用还是能够在厨房的生产过程中得到很好的控制的，除了经营过程中的装修费、折旧费等不可控制的成本费用。可控成本的实际费用和管理人员的控制水平息息相关，这些成本也占据了很大一部分经济收益的内容。这个可控成本的特点告诉我们，厨房产品生产的成本控制是非常重要的。

3. 成本泄露点多

厨房产品成本的额度大小也受到厨房管理者的水平高低的影响。产品的设计、成本控制、生产控制和成本核算的过程涉及许多环节，如果对加工和烹制过程的监督和控制不够严格，则不仅产品的质量得不到有效的保证，还会影响食品饮料的损失量。如果不能够提前计划好加工的数量，那么也会造成原料的浪费。厨房运行的每个环节都可能产生成本泄露。因此，厨房管理者对每个环节的运行情况都必须加强监控，千方百计堵塞成本泄露的漏洞，以降低成本的方式来提高餐厅服务质量，提高餐厅经济收益。

二、厨房生产成本

厨房生产成本是指厨房生产过程中使用和损耗的资金。它由三部分组成，即厨房产品的原材料成本、人工成本和经营费用。任何产品的生产过程都需要有生产成本和生产费用的发生。

（一）厨房生产成本构成

厨房生产管理面对的生产成本管理，主要是指对厨房产品的原材料成本进行控制、管理。原材料成本是厨房生产成本的主要构成部分。在企业内部，通常人工成本、经营费用这两项成本主要由企业人事部门和财务部门专门控制和计算。

1. 原材料成本

厨房产品以原材料成本的使用为主，食品原料在生产过程中一般会用到主料、配料和调料。餐饮主要使用的原材料就是主料，一般占据了主要的成本内容，有的时候菜肴命名时也会将主料的名称添加进去，例如，西泠牛排中的主料就是牛排，酱爆鸡丁中的主料就是鸡肉；配料是餐饮产品中的辅助原材料，其成本份额相对较小，例如，西泠牛排中的马铃薯和蔬菜的成本，酱爆鸡丁中的辣椒、胡萝卜的成本。但在不同的菜品中，使用的配料种类也是不同的，有的种类比较少，有的种类可能会达到十几种甚至更多，从而让产品的成本构成变得十分复杂；但不同的花色品种，配料种类各不相同，有的种类较少，有的种类可多达 10 种以上，使产品成本构成变得比较复杂。菜品中起到辅助作用的就是调料，起到提升色香味形的重要作用。例如，酱爆鸡丁中的食油、酱油、味精、调味料等成本。在一般情况下，调料的种类是比较多的，但是每一种调料的用量是不同的，而且量都比较少。

2. 人工成本

人工成本是指参与厨房产品生产与销售（服务）的所有管理人员和职工的工资、奖金和各种福利待遇等费用。餐饮市场逐渐开始重视人才在厨房生产中发挥的作用，人工的费用也在逐渐提升。一般情况下，饭店都会开出高薪聘请优秀的主厨，即使是普通的厨师和管理者的费用也都在大幅度提高。对于饭店、餐饮企业而言，人工的成本成为了仅次于原料成本的一项开支，并且根据相关学者的研究和调查，在国内的餐饮业市场中，人工的成本占到了营业额的 15%~20% 左右，因此，它也是餐饮管理者要认真分析和控制的成本。

3. 经营费用

在餐饮生产的过程中，除了食品原料和人工的成本之外，就属于经营费用的范围了。通常情况下，经营费用包括房屋的租金成本、生产设备的折旧费用，以及水电燃料费、用具、清洁费用、广告费、采购费等，还有一些低价值、易损耗的物品。

（二）厨房生产成本类型

1. 直接成本和间接成本

这个成本的类型划分主要依照的是成本和产品之间的关系。直接成本的内容是指在产品的生产过程中，直接损失掉的，不需要分摊的一部分成本，如直接的原材料、材料的直接损耗和直接的人工费用等。间接成本是指要经过一定的分摊才能够进入产品成本的花费，如销售的费用、维修的费用等。

直接成本和间接成本类型的区分可以帮助厨房进行生产成本的核算，并为核算过程提供了一定的依据。成本核算可以直接成本为主，如主料、配料和调料成本等。间接成本在分摊的过程中存在一定的难度，所以通常会以流动的费用存在。这就为餐饮产品的成本核算提供了方便条件，有利于提高成本核算的准确性。

2. 可控成本和不可控成本

这种划分的方式是依据成本的可控程度进行划分的。可控成本可以在生产的过程中通过员工的个人努力得以控制。不可控的成本就是在生产过程中控制存在困难或者不能够控制的成本和开支。在餐饮的管理活动中，有些成本通过员工的努力是能够控制好的，如原材料的节约、水电使用的控制和茶水等物品的消耗等。而有一些成本在经营时是很难控制好的，如员工的劳动费用、福利及奖金、租金、设备的折旧费用等。

可控成本和不可控成本的区分可以帮助餐饮中的成本得到控制，并提供了一定的依据，帮助厨房管理者分清楚处理的主次，从而更好地控制成本的消耗，提高饭店的经济收入，减少对不可控成本的控制，提高成本管理工作的效率。

3. 固定成本和变动成本

固定成本就是在一般情况的经营条件下，不会因为餐饮产品的销量变化而发生变化的一部分成本。在生产的构成中，人员工资、设备折旧和固定的管理费用等在一般情况下是比较稳定的，这些就是固定成本的内容构成。变动的成本就是在一定的时间段和经营的状况下，成本会随着生产和销量而发生变化的一部分成本。在成本的构成中，一些水电的费用、原料的费用都会根据产品的销量而发生一定的改变，这些就是变动成本的内容。

固定成本和变动成本的类型区分，可以帮助餐饮中的成本得到控制，并提供了一定的依据，划分的标准就是成本对产品销量的相关关系。固定成本和变动成本的内容也能够反映出厨房产品的成本性质。从它们的关系可以看出，固定成本受到餐饮产品销量的影响比较小。固定成本中的约束性固定资产和产品的销量产量没有什么联系，但是变动成本则会受到产量和销量的很大影响。所以，在将固定成本和变动成本划分出来之后，厨房管理者可以将精力放在对变动成本的管理上，减少对成本的消耗。厨房管理者在固定成本的管理上不要耗费太多的精力，在成本的总体额度不变的情况下，要将控制成本的重点放在变动成本上。这样就能够达到减少成本开支的目的，从而提高饭店和餐厅的实际收入。但是，减少对固定成本的管理主要针对的是生产的过程。

厨房生产成本中变动成本比较大，这些成本随销售数量的增加而成正比例的增加，如营业费用中物料消耗这部分变动成本。但可控成本中除营业费用中的折旧、大修理维修费等外，其他原材料等许多费用都是工作人员可以控制好的。成本的额度高低和管理人员的控制水平有直接的关系，如果控制的不到位，成本的泄漏点多，那么食品原材料的采购、库存、烹调加工都会提高餐饮成本。

（三）厨房生产成本特点

与其他领域的企业相比，厨房生产成本的核算存在一定的特殊性，所以在进行厨房的生产管理和控制之前，厨房管理者必须要掌握好厨房生产成本核算的具体特点。

1. 菜点成本核算相对较难

餐饮企业的生产以及管理过程与普通的企业存在很大的不同，厨房在生产之前要根据客人的具体要求进行计划，然后再安排生产的活动，也就是即时的现场买卖活动，所以给生产成本的核算带来一定的困难。

（1）每天的菜点销售量难以预测

厨房管理者很难对厨房的生产内容进行提前的安排和评估，因为他们也不知道一天中的顾客量会有多少，参与消费的客人又会消费多少金额等，这些在客人点单之前是完全无法估计的，所以，也很难计算出原材料的具体耗费量，而只能进行大概的估计。

（2）食品原料的准备难以精确估计

因为营业期间的销售量是不好估计的，所以厨房中需要使用的原材料也就很难准确地推断出来，所以需要提前多准备一些食品的原材料，但是如果准备的原材料无法消耗，则会造成原材料的变质和浪费，增加了原材料的成本；如果准备的原料太少，则会造成无法及时供应的局面，还要在采购上面浪费金钱和时间。这就说明，厨房的采购要具有灵活性，按照客人的消费量进行及时的调整。

（3）单一菜品的成本核算难度大

厨房生产的菜品具有非常丰富的种类，而且每次生产出来的数量并不方便进行统一计算，在生产的同时就销售了出去。另外，原材料的成本也不是一成不变的，会根据市场的情况进行调整。

2. 菜点食品成本构成比较简单

从菜点食品的成本来看，是较为简单的。一般生产加工企业的产品成本包括各种原材料成本、燃料和能源费用、劳力成本、企业管理费等，而厨房生产的菜点等产品的成本仅包括所耗用的食品原材料成本，即主料、配料和调料成本，其构成要比其他企业的产品成本简单得多。

3.食品成本核算与成本控制直接影响利润

因为餐厅中来就餐的人数和消费量都是无法确定的，所以餐厅每天的销售额和销售量都是不同的，变化也非常快。虽然增加收入的方法有很多，也能够通过促进管理和增加特色等方法提高销售量，但是提升利润主要还是要由成本的控制得以实现。通过及时降低成本的损耗，可以减少食品原料的浪费，及时降低生产过程中的成本，从而确定餐饮企业的中的利润水平。

三、厨政管理中的成本控制

根据厨房生产的环节和流程，可以将加工生产作为划分的界限，分为生产之前、生产过程中和生产之后三个阶段。针对不同阶段具备的特点，提升控制成本的意识，建立起一套较为完善的控制体系，让成本的控制贯穿每个生产的环节中。

（一）厨房生产前的成本控制

厨房生产之前的控制可以分为五个环节，分别为采购的控制、验收的控制、储存的控制、发料的控制和成本预算的控制。

1.采购控制

采购原材料的目的是选取较为合适的价格，在适当的时间，从可靠和高质量的货源中，按照规定的标准和实际的数量采购需要的各种原材料，帮助加工过程顺利完成。采购工作中的成本控制内容一般包括了三个方面的问题，即原材料的数量、质量和价格能不能够得到保证。

（1）严格执行原材料采购规格标准

厨房在生产过程中应该从菜品制作的实际要求出发，提前制订出符合采购的标准和计划，并在采购的过程中坚持使用。这个方法不仅能够保证厨房的产品质量符合要求，而且还能够在采购的过程中节省成本。因为并不是所有的菜品都必须使用质量最好的原料。

（2）严格控制采购数量

如果采购的原材料太多，不能及时消耗，那么很容易造成原材料的堆积，将原材料储存起来，不仅会占用场地，造成场地管理的费用增加，还有可能造成原材料的变质和浪费。所以，采购人员应该根据生产的实际需要、场地条件、现有的库存、基本的原料等提前计划好采购的数量，然后再进行采购。

（3）采购价格必须合理

采购人员在采购过程中，应该在保证采购原材料的质量前提下，努力降低价格。所以，在采购某一种类型的原材料时，要比较多个厂家的价格和质量，方便自己作出选择。在采购过程中，要努力做到原材料价格和原材料质量的平衡，这样的平衡成为了检验采购工作质量的标准。很多外国的餐厅都会使用：原料质量÷价格＝采购效益，从而评估采购的效益。

2. 验收控制

验收控制的目的不仅仅是为了保证采购产品的质量是否符合采购的标准，还应该检查价格是否正确、数量是否正确，确认之后还应该对各种进货的原材料进行分类处理，及时储存。

3. 储存控制

为了确保食品原材料的质量不变，保证有效期的时长，还应该避免原材料变质的问题，并且避免因为偷盗等特殊情况造成的经济损失。在储存过程中，应该着重控制以下三个方面的问题：

（1）人员控制

应该安排专门的人员负责看管原材料储存的场地，场地不能够让人随意的进入。管理人员应该经常地对仓库进行检查，并对允许进入库房的人员数量进行控制，库房的钥匙也要安排专人进行保管。

（2）环境控制

不同的原材料的储存环境是不同的，如冷冻库和冷藏库等，普通的原材料和价值较高的原材料应该分开进行保管。库房和场地的条件必须符合卫生和安全的标准，减少虫害和鼠害等特殊的问题出现。

（3）日常保管

在日常的保管中，应该按照相关的程序和规定进行保管。不同类型的原材料要放在其所属的固定位置，在验收之后，要及时地放到相应的位置，避免因为时间上的拖沓而造成损失。在原材料入库之后，管理人员应该对进货的日期做好记录，并在原材料出库之后调整原材料的位置，减少原材料腐败、霉变损耗。定时检查记录干货库、冷冻库、冷藏库设施设备的运行使用情况，确保各类食品的原材料在合适的温湿度环境中储存。

4. 发料控制

在成本控制的过程中，还应该注意原材料的发放控制。发料的数量会对每天食品的成本产生最直接的影响，所以厨房的管理部分应该及时调整原材料的领发规章，在满足厨房使用的同时，控制发料的基础数量。发料的工作有以下几个需要注意的地方：

（1）使用领料单

在领取原材料时，必须以一定的审批单作为领取凭证，从而对每个领料部门的成本进行核算和控制。

（2）规定领料次数和时间

应该根据使用的情况，对发料的数量和间隔时间进行规定，以促使厨房各岗位作出周密的用料计划，避免随便领料，减少浪费。

（3）正确计算成本

每一天厨房的食品成本中都包含了领用原材料的相关成本，所以，仓库的管理人员需要对领料单上的成本进行及时的核对，也要将全天的领料成本计算出来。

5. 成本预算控制

在管理之前，提前制定出详细的成本标准和预算指标。这些指标的制定主要是通过对接待行情预测和饭店往年数据进行分析，并在其它资料的基础上，结合当地的物价情况分析得出。这些指标结合饭店或餐厅的具体情况，分解为月度和每日的成本控制指标，方便管理者进行参考，提前安排工作，提高工作效率。这样就可以实现从宏观到微观的成本控制，让生产成本一直处于可掌握的状态下。当然，管理者不可能将每天的成本都计算得十分精准，其中有一定的计算偏差值，要对偏差出现的原因进行总结，做好月度和每日的工作安排，成本计划不应该与实际的成本有太大的出入。

厨房在进行促销活动之前，必须做好成本和费用的计算和预计，无论是自己组织好原料进行推销，还是邀请不同地方的厨师开展活动都要做好预算。这样，在活动开展的过程中，资金才不会出现问题，原材料等成本才能按计划进行有效的控制。否则，计划不详或超额预算，其资金使用则应受到限制。

（二）厨房生产中的成本控制

厨房原材料的不同工序都会对烹制和装盘的过程产生一定的影响，并能够直接影响生产的成本，如果不对这些环节进行很好地控制，就会产生浪费的现象，致使成本增加。因此，在食品原材料的加工烹制阶段，厨房必须注意以下几个方面：

1. 烹调工艺测试

对于厨房生产过程中的主要原材料，厨师长要开展切割和烹调测试，掌握各类原材料的出净率，制定各类原材料的切割、烹调过程中损耗的范围标准，以对加工、切配工作的质量和品质加以评定，尽量减少在工序中造成的浪费现象。

2. 制订厨房生产计划

厨师长应根据业务量预测，对菜品的制作内容作出计划，提前确认好生产的质量和份数，并据此决定需要领用的原材料数量。生产计划应提前数天制订，并根据情况变化进行调整，以求准确。

3. 坚持标准投料量

这是控制食品成本的一个主要方法。在对菜品的原料进行处理的过程中，必须使用一定的计量工具，按照食谱中规定的数量投料量进行切配，厨房对各类菜肴的主料、配料和调料的投料量标准应该公布给员工，方便员工执行和操作，以免出差错。

4. 控制菜肴分量

厨房有不少菜肴、点心是成批烹制生产的，因而成品装盘出品时必须按照规定的分量进行，也就是说，应按照标准食谱中装盘规格所规定的品种数量进行装盘，否则就会增加菜肴的成本，影响毛利。实践中，成本在厨房生产过程中的变化和控制是灵活多样的，因此，注意以下几点对厨房成本控制是十分重要和必需的。

①将加工的工作集中在一起，分别发放和使用，尽可能地减少浪费现象。厨师在厨房中比较习惯在炒菜的炉灶旁边设置一个汤锅，然后根据需求取一些料，进行吊汤。这样，不仅增加了汤料使用，提高了成本，而且汤的质量也不能够得

到提高。汤料的制作应该安排给蒸炖的岗位，由这个岗位的工作人员领取原材料，同时吊汤，在上桌之前再分装给炉灶，方便他们进行使用。管理者还可以对炉灶岗位的员工作出这样的规定，汤汁必须在下班之前加热好，方便第二天使用，也能够避免浪费的现象，这个方法就是从制度的层面对成本进行控制。芡汁的制作也可以统一安排在一起，制作出统一的调料，集中不同岗位的内容，不仅保证了食品质量的统一，也减少了因为失误造成的损失。

②在使用贵重原料时，要特别小心。在人们的习惯认知中，鲍鱼、海参都是较为名贵的原材料，其实还有一些比较少见的水产也非常贵重。一些较为贵重的原材料在厨房的成本控制过程中起到了非常重要的作用，尤其是重要菜品的原材料，如龙虾和石斑鱼等一定要严格管理，谨慎使用。这些鲜活原材料一经宰杀，身价就会大跌。因此，在没有确认被售出之前切不可宰杀，即使有了预订也应慎重对待。

另外，厨师也要重视对高档调味料的使用分量控制。最近这些年来菜肴的调料变得十分丰富，新的产品一直在出现，有些调料的价格非常高。所以，厨师在使用调料时，应该用手勺作为盛放调料的过渡，然后再调整数量，确保使用量的准确性。如能掌握配方，自行研制或效仿熬制调料，亦可自制，可减少购买开支，如厨房可自制酱爆酱、柱侯酱、XO 酱、红花汁等。

③提高厨师的专业知识，提高原料利用的效率。提高厨师的技术水平，提高其操作的熟练度，可以减少事故和意外发生几率，提高工作的效率。在技术提高之后，还能够起到促进原料和调料综合使用的作用，将食用的价值发挥到最大。比如，使用芋头制作出雀巢的形状后，可以将芋头的边角料加以利用，可能在制作时费些功夫，但是实际的效果是不错的。厨师一般会将用剩下的油直接倒掉，但如果油通过过滤等处理，再烧一些深色菜肴，则可节省较大的购油开支。

另外，加强对废弃物品的回收管理，同样可以减少或弥补厨房成本支出，如甲鱼壳、鸭油等的收集销售，可以获得较高的经济效益。

（三）厨房生产后的成本控制

如果说防患于未然是生产之前控制的最重要目的，那么，生产之后的成本控制则是对问题进行弥补和总结的过程。在实际使用过程中，饭店是不可能通过管理实现对产前和产中的完美控制的，所以，生产之后的控制是十分有必要的。在实际的成本发生之后进行的控制就是生产之后的控制内容，也就是和这一个阶段的成本指标进行比较之后分析出来的结果，如果这个结果和实际存在一定偏差，就应该作出及时的调整，分析问题的原因。

在生产之后的控制，主要还是指在发现问题之后采取一定的补救措施，让成本的水平回到和规定标准差不多的位置。如果在一定的时间之内，业务量并不多，造成了成本的持续升高，就可以改变采购原料的间隔时间，将库存消耗掉。如果经过研究发现，成本上升是因为少数几种菜式，且其在整个菜单销售中只占很小比例，则可使用维持原价而适当减少菜式分量以抵消成本增长的方法。由于减少分量容易引起顾客的反感，使用此法时必须注意减量有度，不可让顾客明显感到缺量。

如果成本较高是因为菜单中大部分或占总销售中很大比重的菜肴引起的，则应先作如下考虑：

①能否通过促销手段增加这些菜肴的销量，以大量生产获得的效益来抵消成本的增加？如果可行，则可维持不动。

②能否通过加强成本并未上升的菜肴的推销来抵消部分菜肴成本的增加量？可行的话，也可维持不动。

③如果采用减少分量的方法，会不会引起客人的反感？如果客人并未感觉到分量的变化，则维持原价也是可以的。

当以上三种方法都行不通时，管理者则必须考虑调整售价了。调整售价时首先考虑顾客是否能接受调整后的价格。所以，在价格调整时，管理者必须从顾客的角度出发，看看是否物有所值。如果客人感到自己享受到的菜点与自己付出的金钱相符，他们就会承受价格的变化；反之，他们会认为物无所值，从而减少对该菜的消费。

售价调整后，如果出现后种情况，厨房管理者就应及时增加该菜的分量，提高该菜的质量或干脆把该菜从菜单中撤出。调整售价的另一要点是决定调价的时机。价格调整每隔一段时间进行一次，间隔时间应大致相等或是有规律的。无规律地调整价格必然会引起顾客对饭店的不信任。再者，调整售价还应考虑菜单的整体价格结构。一旦进行价格变动，就必须兼顾菜单的全面价格，以免造成菜单整体价格结构的失衡，影响整个菜单的销售。

同样，如果在一段时间内菜点成本偏低，产生不少计划外毛利，那么也并非多多益善，要检查并分析成本降低的原因。是因为原材料的进价便宜了或加工生产工艺改进了，从而使成本减少了，还是因为配份串规或缺斤少两而减少了成本，都应及时采取必要措施，以保护用餐客人利益，保证产品规格质量。

第三节　卫生安全管理

餐饮产品从厨房生产到产品销售的每个环节都应该自始至终重视和强调卫生和安全。卫生是厨房生产需要遵守的首要准则。如果在选择原料、加工过程和销售服务等环节都能够保证产品的洁净，那么厨房的卫生条件就是合格的。安全生产不仅是保证食品卫生和产品质量的需要，同时也能够帮助维持正常的工作流程和节约工作的费用。

一、厨房卫生与安全管理的意义与原则

（一）厨房卫生与安全管理的意义

厨房的卫生对生产的企业、企业员工、餐饮消费者来说，具有重要的现实意义和深远的社会影响。

1.保护消费者利益的基本前提

消费者到餐厅就餐，餐厅就应遵守承诺，按时提供物有所值的相应的餐饮产品，而这些产品在销售开始之前，就应该实现洁净和卫生。餐饮产品在满足消费者口腹之欲的同时，也要保证食品的卫生和安全，消灭暗处的隐患。食品的卫生和安全，不仅仅要保证产品的制作、生产、销售环境的卫生，消费者在食用之后，身心的状态也必须是健康和安全的。相反，仅仅追求食品销售阶段的美观卫生，而忽视其生产环境和过程以及顾客享用餐饮产品的后果，这实际是对消费者权益的损害。

2.提高餐饮竞争力的必要条件

随着社会经济的发展，食品制作领域企业之间的竞争是非常激烈的，体现在

产品的创意、价格的竞争、餐饮服务的技巧等内容上，属于综合实力方面的竞争。而这些竞争都必须建立在厨房产品的卫生和安全的基础之上。餐饮的产品在进入市场之前，必须重视食品的卫生和安全。只有卫生和安全符合了要求，餐饮企业才有机会获得更加长远的发展。如果缺少这方面的保障，或在卫生和安全上出现失误甚至错误，餐饮企业将会被社会、同行视为不具备资质，消费者也将会望而却步。在一段时间内，该企业餐饮产品的市场占有率将丧失殆尽。反之，餐饮企业在当地卫生、安全检查、评比中屡屡获奖，企业的卫生情况有口皆碑，安全措施落实到位，不仅餐饮企业的良好口碑、美好声誉得到传播，其经济和社会效益也会随之增长。

3. 保护员工利益的具体体现

保证生产的卫生和安全，不仅仅体现了对消费者的负责态度，也是一种关心和爱护员工的表现。首先，如果使用的厨房原料是符合生产要求的，员工使用起来也会更加放心，员工的身体健康和心理健康也会得到更好的保障；其次，如果企业出现了卫生和安全的问题，不仅企业会遭受严重的损失，还有可能会影响到员工的利益和个人的发展，所以，应该对厨房卫生和安全工作提出高标准和严要求。餐饮区给员工创造一个良好的环境，这也是对员工利益的一种保护。

4. 提高社会效益和经济效益的重要措施

厨房卫生和安全虽不直接产生经济效益，但可直观地反映出饭店的管理水平和企业形象。如果厨房卫生和安全工作做得到位，就可以扩大市场占有率，进而提高经济效益。另外，厨房的卫生和安全工作卓有成效，厨房在这方面的成本、工资、误工、伤残费用等支出及处理食物中毒、顾客投诉等类似事故的费用将大大节省，从而利于餐饮企业的经济效益和社会效益走可持续发展的道路，使企业长期受益。

（二）厨房卫生安全管理的原则

厨房卫生、安全管理是从事一切厨房生产经营活动首先应该强化的管理工作内容，而卫生、安全管理又与厨房其他管理、考核活动有机结合。卫生、安全管理强调规范先行、以预防为主、重考核督促、追求责任落实。

1. 责任明确，程序直观

卫生和安全的内容虽然在平时没有什么大的问题，但是一旦出现了问题，影响的范围就会非常大。餐饮企业在平时就要对责任进行明确的规定，将工作中的责任落实到具体的岗位中，落实到具体的个人身上，规定好员工在岗位上应该担起的责任，明确日常的工作任务和工作标准，进而提高工作的效率和员工的自觉性，从而保障工作的高效性和井然有序。对于更加重要的岗位，企业更应该将责任细化，并进行公开，除了让当事人和负责人知晓自己的责任外，还要让全体员工知晓。

管理的一个重要作用就是明确工作的内容和程序，让工作的过程更加直观和明确，为员工的执行提供一定的便利。卫生和安全的工作比起厨房管理的其他内容，具有更为明确的运作管理方法。所以，厨房管理者在管理之初，就要对卫生安全的制度进行计划和设定。在实际的生产过程中，厨房管理者要及时地调整和完善制度，操作的说明和程序应该简单、明了。如果将操作的内容形象化，就更能促进员工的理解，执行和检查的效果也会更好。

2. 预案详尽，隐患明忧

在餐饮企业的常规管理内容中，应该将预案的内容和责任的划分纳入到制度化管理的过程中，管理的内容有配置的设定、储存的摆放位置、物品的标志等内容。标准和制度的确定应该从一线工作人员意见中获得建议，并且从各种事件和问题中获得教训，使得制度的内容是非常全面的，也利于制度的实施。比如出现了油锅着火问题、员工意外受伤、客人出现食物中毒等问题。

另外，还有一些较为有效的管理方法，比如将容易造成厨房生产问题的设备和工作内容公布出来，提醒员工在工作时应该多加注意，提醒管理者要多加检查，从而使隐患缩小、减少乃至无隐患，再施以积极防范、主动管理，力求无患。

3. 督查有力，奖罚分明

在对厨房的卫生和安全进行管理的时候，不仅要加强员工工作的主动性和责任感，还要让管理人员在日常工作过程中注意按照制度和标准进行检查。另外，对于员工在维护卫生和安全制度上的表现，管理者也要给予员工物质和精神方面的激励。只有这样有条不紊、时刻关注厨房的卫生与安全，让已经具备责任心的员工更加负责，使经常马虎的员工无法通过考核，厨房的卫生和安全管理才会成为免检产品和放心工程。

在对卫生和安全进行检查和指导时，要努力做到全面和有序，并且按照检查的层次和水平进行监督，这样才能够排除隐患，杜绝失误。检查的结果应该和绩效结合起来，在平时要避免出现问题，出现了问题要及时弥补，并且在后续的工作中应该整改到位，奖惩应该具体到个人。

二、厨房食品安全分析

（一）厨房食品安全的影响因素

厨房实际上发挥着食品加工的作用，这个加工的作用发挥过程中也会出现安全的问题。所以，不仅要将操作的规范和标准落实到位，而且应该控制好工作的关键节点。

厨房中员工的身心健康也会受到厨房环境的影响，严格和到位的卫生标准可以帮助餐饮的企业隔绝疾病和致病的污染源。不过很难对所有的餐饮企业制定出统一的标准，并且在培训员工的过程中也存在一定的困难。管理人员应该对每一名员工的学习程度进行跟踪和测评。

为了减少卫生方面的问题，最高效的方式就是增强生产环境的卫生质量，加强储存环境和销售过程中的卫生水平，并对卫生的环境进行及时的管理和控制，避免影响卫生安全的因素出现。厨房的卫生水平也能够体现出管理人员的素质和管理能力。如果一个管理者不具备良好的卫生习惯，所管理的厨房的卫生也很难得到保证。

1.管理者对食品卫生安全的态度

企业管理者的态度和制定的制度会影响到一个企业的厨房卫生情况。作为厨房工作的管理者，要让员工和顾客了解到企业的食品卫生管理内容，并采取综合的方法进行管理。

食品卫生安全，需要厨房生产中每项工作流程都合宜，从接收食品原料到向顾客供应食品，每一个关键点都必须安全可靠。在这些方面，除了每位员工尽自己的本分安全操作外，还需要全体员工的通力合作。总之，餐饮企业所有人员需要共同努力，力求食品卫生安全。

2.菜品卫生管理的薄弱环节

厨房食品卫生的工作内容十分复杂，加强科学合理的管理能够促进食品卫生质量的提高。食品卫生管理的内容不仅属于企业行政工作的内容，也属于卫生监督和检验部门。

就厨房食品质量问题，据调查结果显示，仅菜品的卫生问题主要有以下几个方面：

①菜品中发现了一些异常的物品，如毛发、虫子等。

②因使用了不当菜品（如蘑菇等），而导致食物中毒。

③菜品的加热温度不够，造成中毒现象。

④餐具不具备使用的标准，如灭菌消毒的工作不到位。

⑤食品的原材料达不到标准。

仔细分析这些原因，主要还是管理不善。所以，现代的食品安全管理理论知识是提高厨房卫生水平的基础，以确保食品生产全过程的安全可靠。

3. 食品的不安全因素

食品存在着多种不安全的因素和内容，而且这些因素产生的影响是非常大的，大约可以分为以下三种主要的因素：

（1）生物学因素

细菌、病毒和寄生虫等都属于生物学上的危害，而且微生物的分布范围十分广泛，其中的大部分微生物是非致病性质的，很多微生物还能够对人体产生积极的作用。只有少数微生物才能够影响人类的身体健康。人类能够控制的范围就是有致病性的微生物。

食品中包含的致病性微生物主要就是细菌。如果食品被肉毒杆菌、沙门氏菌、葡萄球菌、大肠杆菌等细菌污染过后，就很容易引发细菌性的食物中毒。

细菌性的食物中毒主要表现为腹痛、腹泻和恶心等症状，特点是潜伏期较短、时间较为集中、爆发突然等。大部分的细菌性的食物中毒主要发生在夏季的 7 月、8 月、9 月。

发生这种中毒现象的原因是，食品的卫生情况有时不能够得到很好的保证，容易在转移和生产过程中发生交叉的感染。

（2）化学因素

因为化学因素而导致的食物中毒一般毒性都比较强。化学性中毒一般有三个分类，即天然化学物质、食品添加剂、外部或偶然添加的化学物质。

①天然化学毒素指的是食品本身就有的毒素，或者是因变质而产生的。比如

在国内广泛发生的扁豆中毒事件。扁豆中有一定的毒蛋白，如果加热不够充分，就非常容易导致食物中毒的出现。一般经常能见到的天然化学毒素有霉菌毒素、河豚毒素、贝类毒素等。

②食品添加剂。到了现代社会，食品的颜色越来越丰富多彩了，糖果、糕点和饮料等都因为有了食品添加剂而产生了独特的风味，或是提升了外观的观赏性。食品中添加了食品添加剂之后，能够给消费者带来外观上的享受，给人带来极大的诱惑力，但是这背后却隐藏着很大的风险。

③外部或偶然添加的化学物质有污染的性质，如杀虫剂、兽药残留、农药残留、重金属残留、其他工业化学污染物等。

（3）物理因素

人们在品尝食物的过程中，也会偶尔发现玻璃等一些不属于食品的异物，可能会对人的身体造成损伤。如果人们一旦发现了这类异物，往往都会选择向餐饮企业投诉。虽然这种物理因素会对人的身体造成较为直接的影响，但是不会像化学物质那样给人的身体带来很长久的影响。

（二）《中华人民共和国食品安全法》的颁布与施行

《中华人民共和国食品安全法》是一部比较系统、完整的食品安全法律。它的颁布标志着我国食品安全卫生工作进入了一个新的阶段，使食品生产、经营有法可依。同时它对保证食品安全、防止食品污染、保障人民健康有着重要意义。

1. 贯彻以预防为主的方针，使餐饮产品更加安全可靠

我国食品安全法侧重于从防止有害因素的角度保证食品安全，并在一定程度上兼顾食品的营养要求。《中华人民共和国食品安全法》在预防方针上不仅要确保当代人的健康，还要防止潜在危害性，造福于子孙后代，增强全民族体质。餐饮企业在管理中要自觉地加强安全卫生管理，建立食品安全监控机制，使餐饮企业加工销售的菜点更加安全可靠，从而成为消费者放心的企业。

2. 维护餐饮消费者利益，提高顾客的满意度

如果餐饮企业想要获得消费者的信赖，并赢得良好的声誉，最关键的也是最基本的内容就是要让消费者对产品的质量和卫生放心，这就要求餐饮企业在平时的经营中要格外注重产品的安全和卫生，不让消费者产生后顾之忧。顾客满意度

是包括菜点安全卫生在内的一个综合性指标。如果餐饮企业严格执行和实施卫生监督管理，就可以把这种危害性降低到最低甚至杜绝菜点的所有危害性，这才是提高顾客满意度的基础。因此，食品防疫部门、卫生部门等要对餐饮企业的食品安全进行检测和监督，保证食品的干净和卫生，维护消费者的身心健康。

3. 充分代表消费者的利益，有利于开展食品安全监督工作

《中华人民共和国食品安全法》从我国国情出发，明确规定了各项禁止生产经营的食品，造成严重后果的违法者要负有民事和刑事责任。我国实行国家食品安全监督制度，采取直接授权给监督机构的方式，并在各级政府领导下进行监督管理，这有助于权力与责任的统一，为开展食品卫生监督工作创造了必要的条件。《中华人民共和国食品安全法》规定，任何人都有权揭发检举或控告违反本法的行为，情节严重的还可直接向人民法院控告，维护消费者的权益。

4. 坚持食品安全法制监督管理，可以保障餐饮企业的实际利益

提高食品安全质量，没有法制仅靠说服教育不行，但如果没有道德教育，那么也是不利于法制的执行的。如果餐饮企业加工销售的菜品含有对人体有害的物质，一旦给消费者造成伤害时，餐饮企业有可能承担法律责任。轻者对受害人进行必要的经济赔偿，重者会受到法律的制裁。因此，从有效保证餐饮企业的利益方面来看，食品安全也是不可忽视的，餐饮企业必须把任何不卫生、不安全的因素控制在最低水平，以确保消费者、餐饮企业、餐饮企业员工等各方面的利益。

三、厨房卫生管理细则

厨房卫生管理的环节从厨房产品的原材料采购开始，然后进行产品的加工和生产，最后实现产品的销售。整个过程的管理和指导都属于卫生管理的内容。

产品的卫生受到原材料卫生程度的影响。所以，餐饮企业从原材料的采购选择开始，就要将卫生水平放在重要的位置上。第一，在购货之前，要对渠道进行选择，选择符合卫生要求和合法的渠道进行采购，不能购买有毒的动物和植物原料；第二，要加强对原料的卫生检查，如果在购进的原料中发现了破损的情况，更要加强对卫生情况的检查。在储存原料之前，要记录好原材料的性质和生产日期，按照划分的类型进行储存，并遵循先进先用的原则，保证原材料的合理使用。厨房在领用原材料的时候，也要仔细地检查。如果原材料使用罐头进行储存，就

要对罐头瓶的平整度和完整度进行检查。如果罐头瓶身出现隆起，或者出现凹痕，就说明罐头瓶的密封性遭到了破坏，原材料已经被细菌污染了。如果罐头瓶中的原料出现了异味或者食品出现了液体的浑浊，那么原料就不能使用了。

（二）菜点生产阶段的卫生管理

厨房卫生工作的难点和重点就在生产阶段。生产阶段联系的环节非常复杂，管理者在管理生产设备卫生过程中，工作难度也比较大。所以，要重视对生产过程的卫生控制，也要重视对生产设备的卫生管理。

1.生产过程的卫生控制

这个控制的过程应该从原材料的领取和使用开始。对原材料进行解冻的时候，要使用正确的解冻方法，要尽量减少解冻的时间，要保持解冻过程中的卫生，最好的方法是烹调解冻，因为这种方法既安全又卫生。在打开罐头之前，首先应该将罐头表面清洁到位，再使用专业的刀具开启，不要使用其他非专业的工具，否则会将一些残渣和碎屑掉进原材料中去，也不能使用出现破损的罐头。如果想要去掉蛋类和贝类原料的外壳，一定要注意不能让外部的污物影响到其内部的结构。对于比较容易出现腐烂的原料，要减少加工的时间，如果要使用批量加工的方法，则应该将原材料按照顺序从冷藏库中取出，避免最后一批加工的原料因为放置的太久，而出现质量问题，应该将加工完成的成品及时冷藏好。

在配制菜品时必须使用专用的器皿，不要使用普通的餐具盛放生料的配菜。原料闲置的时间不应该过长。如果原材料配份完成之后不能够立刻烹调，就要及时放到冰箱进行冷藏，需要烹调时再取出，不能将半成品直接放到厨房的高温环境中。保证食品卫生的关键环节就是对原材料进行合适的烹调，烹调过后，细菌才能够消失。原材料可以很好地将热度导入进去，为了达到灭菌的目标，就必须考虑原材料内部实际能够达到的温度。工作的抹布不能够直接擦拭餐具，而应该使用专门的清洁布。装配冷菜时要格外注意装配的卫生，因为是直接使用成品进行装配的。冷菜装配时需要注意以下几点：第一，使用的设备和工具应该与生菜的制作过程区分开；第二，装配时使用的工具应该与生菜的加工工具区分开，并且要定期对这些工具进行消毒；第三，不要将装配的过程设置得过于复杂。如果在装配完成之后还需要等待上桌，则应用保鲜膜密封，并进行冷藏。如果在生产过程中，剩余了一些原料，则应该将原料储存起来，并在下次制作时使用。水果盘的制作和装配也是相同的道理。

2. 生产设备的卫生管理

加热设备、制冷设备和加工切割设备是厨房的生产设备。要对各种设备进行处理、清洗和卫生管理等，在保持卫生环境、方便操作之外，还能够延长设备的使用时间，减少维修过程中产生的费用，降低生产成本。

（1）油炸锅

锅中使用的油应该每天处理一次，主要是去除油中的食物残渣，这样能够减慢油的分解速度。在不使用油锅的时候也应该把锅盖盖严，并且要每天擦拭油锅的表面，一周至少完全清理一次油锅的内部。如果厨房经常使用锅进行油炸食品的加工，就应该每天都清洗一次油锅。同时，要注意不能重复使用油锅中的油。

（2）烤盘

在每次烤制完成之后，应该首先用一个金属材质的刮刀将残留的食物残渣处理干净，然后用清洗剂将烤盘的表面处理干净，使盘底的焦化残渣软化，最后使用热合成洗涤剂处理。在清洗干净之后，应该用油擦拭一遍烤盘，起到保护烤盘的作用。

（3）烤箱

使用烤箱烤完之后，也需要清理食物的残渣。对于烤箱内部的渣子，应该使用一个小刷子进行清理，然后使用带有洗涤剂溶液的清洁抹布进行处理。不能直接将水喷在开关上，防止烤箱因突然受到冷的刺激而产生变形。应该每一个月都将烤箱的喷嘴清理一次，还要经常检查控制的开关。

（4）炒灶

炒灶是最常用的厨具，所有溢出、溅出在灶台上的东西都应立即清除。灶面和灶台应该每天清扫。每月应将煤气喷嘴用铁丝通一次，将油垢清除掉。

（5）蒸箱、蒸锅

使用之后要保持厨具的整洁，将剩余的残渣去除掉。如果在笼屉中还有食品的残渣残留不好清洗，应该在浸泡之后，再使用软刷子进行清洗。筛网和泄水阀也应该一天清洗一次。

（6）冰箱及其他制冷设备

冰箱清洁起来还是比较简单的，首先每天都要使用洗涤剂和温水清理一下表

面，然后用清水去除掉洗涤剂的化学物质，最后使用抹布让表面恢复干燥。在清洁冰箱时，不要使用去污粉和碱性肥皂。每一个月都要检查一次蒸发器、冷凝器，查看设备的状态。

应该每天都用抹布清理一次冰库的地面，每一个月都要除霜一次。在对冰库进行清洁时，之前储存物不应该留在原地解冻，而是要立刻转移到其他的冰库中。

制冰机不太适合用来储存食物，需要每天进行清理。每个月应对制冰机进行一次彻底清洗，清洗时把制冷机里的冰全部倒掉。

（7）搅拌机

搅拌机在使用后，应该使用含有洗涤剂的热水溶液将搅拌机清洗干净，再用清水去除洗涤剂的内容。搅碗和搅桨等部件可以直接清洗。将需要上油的部件需要拆卸下来，每个月进行一次上油和清洗。

（8）开罐器

每天都要清洗一次，把刀片上的食物残渣和其他残留物都清理干净。

（三）菜点销售服务的卫生管理

服务人员在菜点上桌和配菜的过程中，要时刻注意食品的安全和卫生。有以下几点需要注意：

1.菜点在服务的过程中应该一直使用菜盖遮挡，以免受到外在环境的污染物侵染。

2.凉菜、冷食等在上桌之前应该储存在冰箱中，要对冷菜的上菜时间进行控制，尤其在大型的宴会活动中。

3.菜点装盘的时间不能过早，在上桌之前装盘即可。

4.在服务过程中，应该使用恰当的设备，刀、叉、勺、筷、夹子等餐具是必须使用的。

5.客人剩下的食物不能再上桌。

6.分菜的工具一定要放置在一个清洁的环境下。如果要对不同口味的菜品进行分菜，则要使用不同的分菜工具。

7.要注意个人卫生习惯。要用"厨房卫生操作规范"规范服务人员，如不能用手掩住脸咳嗽、打喷嚏，在工作时间不能用吸烟、抓头、摸脸。

三、厨房消防安全规范

（一）厨房安全的意义

厨房安全是指厨房生产所使用的原料及生产成品、加工生产方法、人员设备及其制作过程的安全。

1. 安全是有序生产的前提

安全的生产环境是厨房生产的前提条件。厨房中有许多安全的隐患，如刀具和高温等。如果要让厨房员工的工作更有安全感，在对厨房装置进行设置时，就要充分考虑安全因素，如地面的选材、烟罩的防火、蒸汽的方便控制和及时抽排。同样，平时的厨房管理、员工劳动保护都应以安全为基本前提。否则，就会导致厨房事故突发、设备时好时坏、员工担惊受怕，厨房正常的工作秩序、厨房良好的出品质量都受影响。

2. 安全是实现企业效益的保证

餐饮企业获得经济收益的基础是良好和有秩序的生产条件，如果厨房管理经常出现问题，事故频频发生，负面报道不断，就会导致顾客不敢光顾，餐饮企业生意自然清淡。除此之外，餐饮企业内部屡屡发生刀伤、跌伤、烫伤等事故，员工的医疗费用增大，病假、缺工现象增加，在企业运营费用增大的同时，厨房的生产效率和工作质量更没有保障，企业效益必然受损。一旦有火灾事故发生，企业的社会名誉和经济损失更是不可估量。相反，厨房的安全能够得到保障，安全管理效率高，员工的工作环境安全，发生事故的几率就比较低，不仅可以保证生产过程的安全，还能够帮助企业节约成本，提高产品的质量。

3. 安全是保护员工利益的根本

企业生产的基础就是员工，而在员工之中，厨师是厨房部门最有上升潜力的生产要素。所以，关心厨房的员工，发现并认可厨房员工的劳动，改善厨房员工工作环境和条件是所有餐饮企业应做好的工作。厨房安全是这几个方面的基础。

出现厨房漏气、厨房设备陈旧破烂、厨房器具带病使用、厨师操作站立不稳（地面用材不当）、厨房员工操作互相碰撞的情况，会使厨房员工觉得安全没有保障，生产必定受到影响。反之，厨房安全系数高，员工工作心情舒畅，员工的身心健康得到保障，员工的工作积极性会增强，生产的质量也会得到提升。

（二）厨房消防安全管理

随着国民经济的高速发展，餐饮业日趋兴旺，宾馆、酒楼、饭店林立，且被逐渐向大型化的方向发展。厨房灶具所用的燃料现在以燃气、燃油为主。

1. 厨房火灾发生的主要原因

①如果厨师的操作出现失误或者是油锅长时间处于高温的状态，就有可能引发火灾。厨房中经常会使用油锅进行煎炸等处理，如果油锅长时间处于高温的状态，达到了食用油的燃点，油锅中的食物就会自燃。在火灾发生之后，如果不能够及时地扑灭，可能就会产生较为严重的后果。

②一旦厨房燃气发生泄露，遇到明火就会产生火灾。餐饮企业基本上都使用燃气，如果管道或者炉灶发生了泄露现象，那么发生火灾的几率非常高。

③油垢堆积产生的火灾。在厨房排烟罩和风管等位置容易堆积大量的油垢，如果再遭遇明火，就有非常大的几率会产生燃烧，进而演变为火灾。

④电器设备线路引发的火灾。有些厨房由于电器设备线路老化，引起短路，引发火灾。

2. 厨房防火制度

①厨房的电器应该符合防火的要求，应该严格按照使用的标准使用，保险设备也要到位，绝缘性应得到保证。

②厨房在进行煎炸等生产时，应该有专人对食物进行看管。烤箱等设备的温度不应过高，油锅不能过满。起油锅时绝对不准离人，要集中精神。

③在使用煤气和烤箱时要按照操作流程进行点火和开启，不能使用易燃的物品点火，更不能将杂物和垃圾倾倒进烤箱和炉灶中，防止火眼发生堵塞，产生火灾。

④遵守操作安全要求，并及时检查电器等设备是否可以正常工作，出现问题要及时报修。下班时关闭所有电灯、排气扇、电烤箱等电器设备，并锁好所有门窗，一切检查无误后，方可离岗。

⑤在没有出现紧急情况时，不能使用各种应急的设备。加强对员工的培训，让员工熟练掌握灭火器材的使用方法和功能，并掌握最近的消防通道位置，如果出现火灾等紧急情况，应立即关闭液化气总阀和电源，迅速拨打电话通知总机或餐饮企业消防中心，并动用灭火器材进行扑救。

3. 厨房液化气防火安全管理制度

①应培养相关的员工学习液化气灶的操作流程，掌握基本的流程和注意事项。

②在使用之前，首先要检查液化气等设备是否完好，是否出现漏气的问题，如果确实存在漏气的问题，应该及时通风，一定不要开灯。

③确认之后，再次确认灶具是否完好。在开启灶具时，严格落实"火等气"的原则，点燃火柴之后，再打开供气的开关。灶具的开启必须使用手进行操作，不能用其他工具敲打。出现问题应立即关闭总阀门，并及时报告主管领导和安全部门。

④灶具每次使用完毕后，应立即将供气开关阀门关闭。每餐结束后都应先关掉厨房的总阀门，然后再关闭每个灶具的阀门。

⑤在日常工作中，要做好灶具的保养和清洁，保证使用灶具的安全。液化气灶具的使用和看管要安排专人负责。

4. 厨政管理者的防火职责

厨政管理者承担着厨房消防安全的责任，应该采取完善的安全措施，保证生产过程中的安全。保证了消防的安全，也就保证了厨房员工的安全，同时也保护了厨房的设备和财产安全。所以，在生产之前就做好全面的消防措施是非常有必要的。厨房消防安全的主要负责人是厨房管理者，应该履行下列 7 个职责：

①严格按照消防的法规进行生产活动的计划和安排，保证厨房生产的安全。

②统一安排好厨房的生产和经营活动，制订好消防工作的计划，提高消防管理工作的成效。

③制订好消防工作的计划和方案。

④明确不同岗位的消防安全责任，并制订好相关的标准和流程。

⑤经常性开展防火的工作监督，对火灾的隐患进行发现和改正，从源头上防止火灾的出现。

⑥与饭店的各个部门共同组建消防宣传队伍，及时处理火灾的问题和隐患。

⑦对员工进行培训，提高员工消防意识和掌握消防知识，落实厨房的消防安全计划。

5. 员工的职责

厨房员工应当负责下列 6 个消防职责：

①严格落实消防安全的相关规定，并确保自己的岗位工作中不出现消防的隐患。

②落实好厨房部门的消防安全计划。

③在工作过程中，要按照操作流程开展工作。

④提前排查火灾问题，注意设备和工具的正确使用。

⑤参加消防队模拟活动，发挥自己的积极性。

⑥参加多种消防技能和知识的培训，学习一些必须的消防安全知识和技能。

总之，与厨房生产工作相关的员工及管理者，以及所有成员都要重视消防的安全。

第五章 厨政营销策划管理

餐饮企业开展市场经营依赖于特定的市场营销活动。活动促销的基本意义，一是直接提高活动期间的日客流量和营业额；二是实现营销宣传目标，从而持续提高餐饮的客流量和营业额。本章为厨政营销策划管理，包括三个方面的内容，营销与餐饮消费行为分析、广告营销宣传活动策划、厨政职业道德规范。

第一节 营销与餐饮消费行为分析

一、餐饮消费行为分析

（一）购买行为

消费者购买餐饮产品是心理决策作用于购买行为的过程，具有典型的心理购买行为决策特征。

其购买行为包括 6 个方面，即"5W、1H"，包括购买者（who）、购买对象（what）、购买原因（why）、购买地点（where）、购买时间（when）、购买方式（how）等。大多数餐饮顾客在购买餐饮产品时往往会表现出特定的方式，并具有一定的规律性，即餐饮消费者的购买行为模式。

1.影响顾客餐饮消费行为的社会因素

个人消费心理决定其购买行为，社会群体阶层特征与家庭消费观念意识，社会生活方式变化的趋势以及所处地域的社会文化因素都会影响顾客的餐饮消费行为。

（1）个人消费心理

消费心理涵盖消费性格，不同的消费心理具有不同的购买行为规律，可以分为理智型、冲动型、想象型、习惯型、价格型和不确定型。

（2）社会群体阶层

社会群体由独立个体构建而成，独立个体消费行为会受社会群体消费态度影响，从而保持与社会群体相一致的消费心理特征，个体往往会在行为和生活方式上受到多个社会群体的影响。

（3）生活方式

近年来，人们的生活方式出现很大变化，生活节奏日益变快，导致人们正餐外食的几率加大，对各式快餐的需求增长；对保健和身体健康的重视，使绿色餐厅和绿色餐饮产品市场大量出现；对文化等精神层面的追求，不仅使餐饮企业越来越重视装修、布置以及菜品中的文化审美，而且使主题文化餐饮企业不断出现。

（4）地域文化

不同地域与社会文化对餐饮的影响是完全不同的。随着相互交流与影响的增加，一方面，越来越多地出现地域风格独特、个性鲜明的特色餐饮；另一方面，不同地域餐饮文化的相互融通也非常明显。

2.影响顾客餐饮消费行为的市场营销因素

顾客消费心理与餐饮市场营销环境相关，包括餐饮产品广告设计、餐饮产品市场营销活动等因素。因此，餐饮市场营销环境要满足顾客餐饮消费行为需求。

（二）消费行为决策过程

由于餐饮消费者消费的内容不同，其消费行为决策过程可以分成简单决策过程和复杂决策过程。

1.简单决策过程

消费者首先识别餐饮产品是否满足个人消费需求，然后再依据个人消费能力决定是否购买，并对餐饮消费对象进行简单评价，这一阶段即为餐饮消费行为的简单决策过程，其针对的产品包含重视程度低的产品。

2.复杂决策过程

一般而言，消费者倾向消费营销力度大、最新推出的餐饮产品，该类型餐饮产品能刺激消费者的消费心理，使消费者产生较为复杂的消费心理决策现象。具体包含以下5个阶段：

（1）识别需求阶段

针对识别需求阶段的消费者的消费行为，餐饮企业应认真研究影响消费者需要的各种外界因素的状态和变化，针对餐厅消费群体，分析各消费群体呈现的消费需求特征，据此调整餐饮产品类型。

（2）信息收集阶段

在信息收集阶段，餐饮企业应通过选择适当的信息传播媒介与渠道，通过使消费者在企业的消费有值得留恋的经历，塑造有利于企业的口碑形象。

（3）选择评价阶段

在消费者的选择评价阶段，餐饮企业应注重目标顾客对餐饮产品形成的消费评价，总结特定餐饮产品与特定消费评价之间的关联性，以餐饮市场营销导向为依据，按照餐饮消费者的需求调整或改善餐饮产品，形成良好的餐饮市场营销环境。

（4）决定购买阶段

针对决定购买阶段的消费者，餐饮企业要建立能够推动餐饮产品营销的良性环境，以餐饮顾客为服务对象，掌握餐饮顾客消费心理特征，构建多元化餐饮消费渠道。

（5）购后感受阶段

针对消费者的购后感受，餐饮企业应加强售后沟通，完善投诉的处理机制，积极与相关政府部门、餐饮行业协会和消费者协会做好沟通联系，餐饮企业及产品宣传要实事求是。

3. 餐饮消费决策的参与者分析

餐饮消费决策过程受多个消费角色共同影响，包括消费倡议方、消费影响方、消费决定方、消费购买方和消费使用方等。消费倡议方是指提出消费购买行为建议的角色；消费影响方是指最终影响消费购买行为的决策方；消费决定方是指决定消费购买行为的角色；消费购买方是指承担消费购买行为的角色；消费使用方是指对已购买的消费产品进行使用的人。对参与餐饮消费决策进行角色分析，有利于有针对性地展开宣传和促销。

二、餐饮营销定位分析

（一）餐饮市场营销环境分析

1.餐饮市场营销的微观、宏观环境分析

餐饮企业市场化营销是指餐饮企业利用外部因素和力量，参与市场营销活动的过程。企业开展市场经营依赖于特定的市场营销活动。餐饮企业生产经营是依据市场营销环境的变化，呈现客观性、多变性和关联性的特征。针对餐饮企业生产经营开展市场营销环境分析，为餐饮企业立足市场营销竞争提供有力保障，餐饮企业可根据市场营销环境变化特征，调整餐饮产品竞争策略和营销过程。

餐饮企业生产经营活动受餐饮市场营销环境直接性影响，会形成基于微观和宏观两方面的营销环境变化。

（1）微观营销环境

微观环境也称为直接营销环境、作业环境，微观环境会形成对企业生产经营产生直接影响的因素和力量，主要包括餐饮企业主体、餐饮产品供应服务商、餐饮市场营销渠道（如中间商、物流公司、营销服务机构、金融服务机构等）、顾客、竞争者和社会公众。

（2）宏观营销环境

宏观营销环境是指对企业同其目标顾客之间进行成功交易发生间接影响的较大的行动者及其社会力量。宏观营销环境间接作用于餐饮企业市场营销过程，相较于微观营销环境对餐饮企业市场营销的影响力，宏观营销环境需要借助与餐饮行业相关的社会力量。构成宏观营销环境的主要因素包括人口环境、经济环境、自然环境、政治环境、法律环境、技术环境和社会文化环境。餐饮企业市场营销环境由宏观营销环境因素和微观营销环境因素共同构成，具有多要素、多层次、多变化的综合体特征。

2.餐饮市场营销环境因素的 SWOT 分析

企业环境分析是市场营销的基础性工作。通常将宏观环境、产业环境和企业状况的调研同综合分析结合起来，称为 SWOT 分析。SWOT 是机会、威胁、优势和劣势等词的英文首位字母的合写，表明调研的目的就在于查明这些战略因素，并把它们结合起来，认清市场环境，以便选择目标和战略。在 SWOT 分析中，需要注意将调查和预测结合起来，调查预测力求具体，注意企业文化和权力关系的影响。

（1）识别机会

企业机遇是企业赢得成长发展环境的必要性因素，通过调研企业在宏观产业环境中所处的位置，可以从中有效识别企业机遇。以细分产业市场为例，企业需要根据市场环境变化判断产业发展价值，依托市场营销环境分析特定消费者的需求，以此推动企业产品获得新的营销市场。此外，餐饮企业要想获得市场竞争地位，需要不断依托技术加深产业发展，实现企业产品竞争价值。

（2）识别威胁

面对市场营销环境多变性特征，餐饮企业需要及时识别发展过程中可能遇到的威胁因素，包括危害、风险和挑战等。威胁企业生存与发展的因素来源于内外两方面，包括企业合作方、企业竞争方、企业营销方、企业产品替代方和潜在竞争对象，这是促使企业竞争的基本力量。除此之外，市场营销与竞争制度、市场经济环境、产品技术、文化消费观念、企业战略决策等，同样会对企业生存与发展产生威胁。

餐饮企业产品在营销过程中可能会同时面临多种因素威胁，如果餐饮企业能够及时发现并解决威胁因素，就能将其转化为赢得发展机遇的积极因素。

（3）优势劣势分析

餐饮企业能主动顺应市场营销需求，就表明其具有良好的市场竞争适应能力，这是餐饮企业实力或优势的体现。当然，餐饮企业也会面临竞争劣势或弱项，需要餐饮企业及时有效克服。

餐饮企业竞争优势，集中表现为对餐饮市场环境、餐饮营销对象的战略决策，具体包括餐饮产品营销成本、餐饮产品营销类型、餐饮产品迎合度等。因此，可根据市场竞争表现，将餐饮企业分为以下4种类型：

①理想的企业，即拥有良好的产品营销环境，并且不会存在威胁产品营销的因素。该类餐饮企业需要充分把握市场营销机遇，但也要密切关注潜在的威胁市场营销的因素。

②冒险的企业，即在企业开展市场营销过程中，同时存在高威胁和高机遇因素。高机遇因素会诱导餐饮企业调整餐饮市场竞争策略，但此过程会产生威胁餐

饮企业发展的不利因素。因此，该类餐饮企业需要秉持调查研究原则，既要敢于抓住高机遇，又要妥善处理高威胁，以此谋求良性发展。

③成熟的企业，即该类餐饮企业可以有效处理市场营销机遇和威胁因素，虽然低威胁因素不会对餐饮企业生存与发展产生较大影响，但从另一角度来分析，低威胁因素恰恰是限制餐饮企业赢得市场机遇的关键。

④困难的企业，即企业不但缺少发展机遇，而且还面临较大的生存威胁。餐饮企业与市场营销的关联性较强，市场营销水平是检验餐饮企业生存与发展能力的关键，如果存在威胁大于机遇的现象，餐饮企业就需要因势利导，及时调整战略发展对策，为自己赢得有利的发展环境。

（二）餐饮市场细分

消费群体特征是餐饮市场细分的依据，餐饮企业可以选定一种或几种适当的因素，把整个餐饮市场分成若干组群，形成具有不同特征的餐饮子市场。为了保证市场细分的结果具有实际营销意义，细分后的市场应具有一定的可测量性、实效性和稳定性。

1.餐饮市场细分的因素

选择适当的细分因素是餐饮企业市场细分的关键。

（1）地理因素

常用的细分市场的地理因素包括国别、地区方位、行政区划、城乡等。

（2）人口统计因素

常用的人口统计因素包括年龄、性别、职业、收入、教育、宗教和民族等。

（3）心理因素

心理因素包括社会阶层、生活方式和个性等。

（4）行为因素

①时机。餐饮企业根据消费者产生需要、购买或使用产品的时机，将他们区分为不同的群体。

②追求利益。餐饮企业根据消费者对产品所追求的不同利益，对市场进行细分，一般可以划分为便利型大众餐饮市场、气氛型餐饮市场和高档餐饮市场。

③使用者地位。餐饮企业根据使用者地位，对市场进行细分，一般可分非

使用者、曾经使用者、潜在使用者、初次使用者和经常使用者，由此进行区分对待。

④忠诚度。餐饮企业根据消费者对餐饮品牌的信赖程度，对市场进行细分，一般可分为坚定的忠诚者、不坚定的忠诚者、转移型忠诚者和多变者。

2. 餐饮市场的主要类别

（1）餐桌服务型餐厅

这种餐饮类型的特点是强调传统或特色，菜品供应较为系统齐全，在就餐过程中提供完善的餐桌服务。

（2）主题餐厅

这种餐饮类型的特点是强调环境和文化特色，通过餐饮环境与氛围的设计和营造来体现某一主题特色，以满足顾客独特的消费感受。

（3）风味餐厅

这种餐饮类型的特点是以某一类特殊菜肴或某地方的特色菜肴为主线来组织餐饮经营。

（4）咖啡厅、酒吧

这种餐饮类型的特点是提供酒水饮料、小食品。

（5）自助餐厅

这种餐饮类型的特点是不采用餐台式服务，而以顾客自取、自我服务为主要特征。

（6）快餐厅

这种餐饮类型的特点是以简便、易携带食品为经营对象，通常菜单品种不多，就餐方便快捷。

3. 竞争对手分析

相对于其他行业，餐饮企业的投资少，生产技术简单，菜品的可替代性强，餐饮产品的可模仿性强，这一切使得餐饮市场的竞争非常激烈。所以，餐饮市场调查绝对不能忽略竞争对手的情况。而对竞争对手的研究主要包括以下几方面内容：

（1）竞争对手餐饮市场目标客源的确定

针对目标客源结构类型，餐饮企业需要确定竞争对手的市场区域，据此选择个人餐饮企业目标位置，确保能够形成稳定的客源基础。

（2）竞争对手市场区域内客源结构的确定

要确定市场区域内的客源结构，应以调查人口因素为依据，这是因为人口因素容易测量，是确定客源结构的基础。人口因素一般包括年龄结构、职业特征、收入水平、家庭规模、教育水平、性别结构、婚姻状况、宗教信仰等内容。

（3）竞争对手餐饮消费群体的分类

按照规模，可将竞争对手餐饮消费群体由大到小分为团体客、会议客、散客；按照餐饮消费频率与客源基础，可将竞争对手餐饮消费群体分为常客、一般客和新顾客；按照餐饮消费类型，可将竞争对手餐饮消费群体分为公司商务餐、公司会议餐、家庭餐、工薪阶层餐、旅游聚会餐、招待餐等。

餐饮企业要通过对竞争对手和本企业的比较研究，了解本企业与同类企业在餐饮品种、质量、服务上的长处和短处，本企业在市场上处于何种地位，哪个企业在市场上最具有竞争力以及在质量、价格上的优势等。

第二节　广告营销宣传活动策划

一、广告营销宣传活动的必要前提

（一）厨房与餐厅部门的沟通联系

厨房工作是生产各种优质产品的基础，各相关部门需要配合厨房部门完成生产工作，为解决餐饮顾客消费需求提供有力保障。

餐厅部门承担联系厨房与顾客、解决菜品营销需求的职责，需要及时汇总餐饮顾客消费意见和建议，根据餐饮顾客提出的权威评判要求厨房改进烹制工作，以此提高厨房菜品生产质量，赢得顾客支持。同时，厨房还应主动征求、虚心听取餐厅部门的意见，不断地改进工作。

1.厨房与宴会预定部门的沟通联系

宴会预定部门以与顾客接触、洽谈为基础，负责搜集、整理餐饮顾客消费需求，并将此消费需求以客情信息的形式发布，厨房需要根据客情信息制订餐饮生产计划。具体来说，客情信息主要包括宴会规格、宴会预定菜品、宴会特殊要求和宴会流程等。宴会预定部门既要确保客情信息准确，又要及时向厨房部门传达客情信息。因此，厨房应经常性地与宴会预定部门做好以下几方面的沟通与配合工作：

①厨房将设计定型的不同规格档次、不同消费标准的宴会标准菜单交与宴会预定部门，并对其进行相应培训，以便与宾客沟通。根据季节变化和经营需要，厨房应适时修订、更换宴会标准菜单，以方便餐饮经营。

②厨房需要定期向宴会预定部门汇报餐饮原材料情况，按照原材料保质期限确定菜单销售计划。

③厨房需要为宴会预定部门介绍新型菜品特点和制作流程，以此作为吸引顾客消费的方式。

④厨房原材料的供应情况是向宴会预定部门提供的重点，厨房部门既要详细汇报原料剩余情况，又要核对原材料成本价值，保证原材料生产能够获得价值效益。当然，宴会预定部门需要向厨房部门传达顾客消费建议，要求厨房部门改善生产工作。

2. 厨房与原材料供给部门的沟通联系

采购部负责为厨房生产提供所需原材料，厨房部门负责向采购部提供所需原材料规格标准与剩余情况。因此，厨房部与采购部需要定期交换原材料供需单，保持沟通联系。厨房部与采购部都应将原材料库存信息作为交换重点，避免出现原材料库存积压或不足的情况。此外，采购部需要向采购部介绍原材料购买价格，用以确保原材料的生产与供应。

3. 厨房与餐务部门的沟通联系

餐务部门负责餐饮杂务工作，具体工作内容要和餐饮原材料生产、供给与营销等区分开，同样应该作为构成餐饮企业的主要负责部门。该部门承担着厨房大量的清洁卫生和垃圾处理工作。厨房与餐务部门在分工协作的同时，还要协调、督促餐务部门及时做好相关工作。例如，当宴会预定部门向厨房生产部门提供餐饮需求后，厨房生产部门需要及时核对原材料库存信息，餐务部负责解决厨房生产部原材料需求。

（二）掌握消费者的饮食心理

传统的饭店厨房生产常常被喻为"幕后工作"，因为就顾客消费的基本情况看，顾客进店吃饭，按谱点菜。而今，餐饮市场发生了翻天覆地的变化，迎合顾客、满足需求已成为餐饮经营的出发点，并出现了"顾客命题，厨师答卷"的新现象。因此，企业经营必须"以顾客为中心"。经营者必须直面市场、直面顾客，厨房工作人员必须根据市场需求和顾客的消费意识、消费结构、消费兴趣等变化情形，组织厨房生产，进一步做好引导消费、主动出击的工作。

现代餐饮经营除应具有舒适的环境、优质的服务、美味的菜品外，还应具有相应的促销、推销等手段，能够根据客人的建议和想法及时地策划新的主题活动营造餐饮活动气氛，持续不断地加强客人对企业的满意程度，使企业财源广进，宾朋八方。

1. 充分利用消费者的从众心理

消费者在饮食活动中很容易受外界暗示的影响，不自觉地做出模仿性行为，别人这么做，自己也这么做，觉得只要是随大流，就没有错，这就是人们的从众心理在饮食消费时的表现。

餐饮消费心理是影响餐饮企业营销的主要因素。例如，面对同等餐饮规模、同等餐饮距离、同等餐饮档次、同等餐饮质量、同样的价格，如果甲店有一两桌人在吃饭，而乙店没有人在用餐，此时顾客群体就会选择到甲店用餐，基于消费从众心理分析，到甲店用餐的顾客会产生此种心理："甲店的顾客多，一定是因为甲店的菜品比乙店好。"

2. 充分利用消费者的好奇心

好奇心，人皆有之。对于新异的刺激、奇怪的现象、异乎寻常的事情，人们都要先睹为快，餐饮经营者也要利用这种好奇心来激发消费者的购买欲。比如，某餐厅外卖部新近推出某款新菜，如果店面门口聚集众多消费人群，那么就会使路人产生好奇心理，这些路人会向前追问排队原因，并详细了解餐厅菜品信息，从而产生如下心理变化："那么多人抢购，一定是特色菜。"由好奇心理刺激个人购买欲望，并使人们采取购买的行为。

3. 充分利用特色产品赢得顾客

厨房行政事务管理，要以餐饮市场营销为根本目的，追求餐饮企业效益最大化，赢得餐饮市场美誉度。厨政管理是开展厨政经营的前提，厨政管理者需要分析餐饮市场营销需求导向，推出适合餐饮顾客需求的菜品，并适时创新菜品类型，不断提高餐饮企业市场的竞争力，使企业步入良性循环的经营中；同时，要进一步增强员工忠于企业、热爱本职工作的荣誉感和责任心，为企业可持续发展积蓄后劲，开辟广阔之路。

餐饮企业以追求市场规模效益为根本目标，餐饮企业经营者应不断调整营销策略，用以满足餐饮顾客的消费心理。任何产品营销都以消费者需求为中心，餐饮顾客消费行为是决定餐饮企业市场竞争力的关键，这就要求餐饮企业需重视餐饮产品质量。

（三）掌握活动营销技巧

活动营销的基本意义，一是直接提高活动期间的日客流量和营业额；二是实现营销宣传目标，即通过营销活动，提高餐饮企业的知名度和美誉度，增强顾客对餐饮企业菜点了解度，从而持续提高餐饮企业的客流量和营业额。

1. 活动营销要选择好主题

主题会直接关系到营销活动的效果。餐饮企业生产经营状况是确定餐饮营销主题的依据，既要保证餐饮营销主题符合餐饮企业经营需求，又要保证餐饮营销主题具备价值效益。在确定餐饮营销主题过程中，餐饮企业经营者要考虑餐饮厨师的技艺，确保厨房产品与餐饮营销主题相一致。最重要的一点是，餐饮活动营销主题要真实客观，不能以欺骗餐饮顾客消费心理为标准。

2. 活动营销要选择恰当的时机

餐饮活动营销要经常性开展，可以根据顾客消费需求适时调整活动营销主题，使顾客对餐饮企业始终抱有新奇感。

（1）盛大会议期间

在当地举办国际性或全国性的大型会议期间，如在糖酒会、商品交易会、新产品展示会等会议期间举行营销活动。大型会议交流为餐饮企业提供一定规模的消费群体，餐饮企业要抓住消费群体心理特征确定营销活动主题。

（2）大型活动纪念日、节假日期间

如元旦、春节、劳动节、中秋节、国庆节等，凡此重大节假日必定会有各类消费群体，餐饮企业需要利用庆典日、纪念日，如国庆节、五一劳动节等，举办独具特色的营销活动不仅乘兴，而且更助兴。

（3）季节性假期，或当地风俗假日

以上这些都是举办活动、搞营销的有利时机。

二、美食营销活动的策划

如今的市场经济也被人称为谋略经济，或者说随着人们消费素质的提高，通过某种形式寄托人们的情感，这已成为一种市场新潮。

开展美食系列主题营销活动可以为餐饮企业赢得良好的市场营销环境。美食营销活动策划以确定美食文化主题为基础，赋予餐饮美食节文化内涵，提升美食产品的文化意蕴，进而使餐饮企业更具经营特色，扩大餐饮产品在市场营销中的美誉度和竞争力。策划美食营销主题成为现代餐饮企业追求市场经济效益的必要选择。在整个餐饮美食营销环节，餐饮企业经营者可以围绕特定的文化主题调整经营方式，保证餐饮产品与美食文化主题的适配关系，满足顾客的消费心理需求。

我国饭店餐饮美食节经过 20 多年的运作，现已发展成为主题风格多样、活动内容广泛、经营方式灵活、产品丰富多彩、组织管理严密、文化氛围浓郁、策划创意多变的局面，使美食节成为全国餐饮业销售的一大亮点。

（一）美食节菜品的选择与设计

1. 拟定主题和菜品

厨房管理者根据美食节所确定的主题，搜集与美食节主题有关的资料，再从有关烹饪食谱、书籍及有关杂志中选出相适合的菜品，以备参考。

2. 选择原料并把握供应情况

厨房管理者要充分考虑原材料的季节和产地的供应状况，进行备料工作；要了解菜品是否适应当地饮食习俗，以进一步修改菜式，最大限度满足客人对菜品的需求；要确保原材料供应不能断货，以防止因点菜的客人多而导致原材料不足而影响体验。

3. 考虑员工的技术能力

菜单的设计要考虑厨房工作人员的技术力量，厨房员工技术水平在很大程度上影响和限制了菜式的种类和规定。聘请厨师时，要充分了解其技术水平，以防请来的厨师达不到应有愿望，造成不必要的损失。

4.考虑厨房的设备设施能力

菜单设计还应考虑厨房设备的配置。设备的质量将直接影响食物制作的质量和速度，美食节菜单中需要的烹饪机械器具一定要在美食节举办之前先购买试用，以保证菜单与器具充分地配合，创造出最大的效用与利润。

5.分析和确定菜品

厨房管理者应进一步对比分析菜式，对设备和厨师技术现状进行认真分析，对菜式进行保留或舍弃；通过对菜式的分析，确定应留的菜式并进行试制，经调整后建立每道菜的标准菜谱，明确美食节的菜单。

6.考虑餐饮服务系统的实际情况

美食节的菜式品种越丰富，所提供的餐具种类就越多；菜式水准越高越珍奇，所需的设备与餐具也就越特殊；原材料价格昂贵的菜式过多，必然会导致菜肴成本加大、精雕细刻的菜式偏多，也会增加许多劳动力成本等。各饭店应根据美食节菜单的品种、水平及其特色来选择购置设备、炊具和餐具，以保证美食节的正常使用。

（二）美食节主题选择

主题是定义美食节的一种方式，美食节主题类型多样，美食节活动环节也就呈现多元特征，不同美食节拥有不同的活动特色。

1.以菜品风格特色为主题

开发菜品既需要技术手段做支持，又需要文化品位做保障，赋予菜品以文化内涵，体现菜品的风格特色。在使用原材料方面，许多美食节活动抓住时令的特点，推出新上市的时令佳肴，如初春的"野蔬美食节""时令刀鱼美食节"，夏令"鲜果菜美食节"等；或体现原料之风格，如"海鲜菜肴美食节""野味菜肴美食节"等；体现其制作技艺，如"全羊席美食节""全鸭席美食节""全素宴美食节"等。

2.以大型季节性节假日为主题

利用季节性节假日营销美食产品，成为现代餐饮企业普遍采用的手段。自从我国实行双休日和黄金周以后，节假日休闲消费已成为餐饮经营的一大热点，各饭店美食节活动更是十分火爆、气氛热烈。当下，中国传统节日与西方盛行节日共同存在，为餐饮企业确定美食营销主题提供丰富素材。春夏秋冬四季分明，不同的季节有不同的原材料和食品，菜品的风味也各不相同。利用上市季节的不同风格特色可以开发出许多主题美食节，如"春回大地美食节""金秋螃蟹美食节""花样冰淇淋美食节""冬季冰花食品节""夏季时果菜美食节"等。

3. 以地方特色菜品和民族风味习俗为主题

该类型美食主题在我国各地方、各餐厅广泛运用，如"淮扬菜美食节""四川菜美食节""广东菜美食节""云南菜美食节"以及"傣家风味美食节""维吾尔族菜肴美食节""瑶寨风味美食节"等。举办这类美食节时，可聘请当地有知名度的厨师为主厨，亦可利用本地、本店较擅长此风味的著名厨师来主理烹调，尤其是在举办民族风味美食营销活动时，餐饮企业经营管理人员要注重风格调配，即配置与民族风味美食相符的餐具、装饰。

4. 以历史人物为菜品营销主题

细数众多菜品名称可知，其中不乏与历史人物相关的菜品。因此，根据本地、本店的特点，可以推出以名人、名厨命名的美食节，如，"乾隆宴美食节""东坡菜美食节""张大千菜肴美食节"；有以当今名厨绝技绝活而命名的美食节，如"江苏十大名厨厨艺展播美食节""胡长龄先生90寿辰暨从厨75周年美食展""南京饭店名厨亮牌名菜展示美食节"等。

5. 以仿制的古代菜点为主题

策划以某一时期或某一特色的仿古菜为主题的美食节，可聘请专家和擅长此菜的厨师直接帮助参与此项活动，如"孔府菜美食节"，直接聘请山东曲阜名厨；可请有关专业人员挖掘研究适合现代的"仿古菜点"，如"秦淮仿明菜美食月"，请有关专家与厨师一起挖掘研制明代的菜点，使明代菜谱与民间传说、诗词典故融为一炉。"随园菜美食节"，是以清代袁枚《随园食单》中菜点研制创作而成；"红楼菜美食节"，是以曹雪芹《红楼梦》中记述的肴馔而烹饪制作的菜肴，等等。

6. 以地方餐饮企业名称为美食营销主题

各类型餐饮企业拥有独特的经营理念和菜品优势，可以据此推出美食营销节，既可以开设宴会，也可以是套餐和零点，不拘一格，创意主题，如"××饭店创新菜美食节""饭店名菜展示月""金陵饭店名菜回顾展"等，以本店的特色风味菜为主。或以本地区的风景名胜、地理优势为主线组织美食节内容，也可以产生奇特的效果，如，"运河菜点风味展"，以运河为主要线索，配置与运河有关的系列菜点进行展示活动；"秦淮小吃美食节"，以南京秦淮地区的风味小吃为主，将千姿百态、风格别具的干、湿、水性小吃品充分展示，届时可推出"秦淮小吃宴""秦淮小吃套餐"等。

7. 以某种技法和食品为主题

以某一种烹饪、操作技法和某一类食品为主推销的美食节。如"系列烧烤菜美食节"，既可选择在某一餐厅内，也可在露天花园、阳台、屋顶平台，还可在泳池边、假山旁、河湖畔等较大的地方举办。例如烧烤食品，面对客人现场烹制，场面热烈，气氛融洽，各式烧烤菜肴别具风味。"系列串炸菜美食节"，利用各种荤、素原料切成棋子大小，用竹签串好，放入油锅炸制，然后撒上调料，别有一番情趣。另外，可利用某些食品作为主题，推出特色美食，如"饺子宴美食节""系列包子美食周""嘉兴粽子美食展"等。

8. 以食品功能特色为主题

以食品原材料、菜点的营养和功能特色作为美食节的主题，如"药膳菜点美食节""食疗菜点美食节"，可推出延年益寿菜肴、减肥菜肴补气养血菜肴、养肝明目菜肴等。养生保健药膳取中药之精华，施食物之美味，融中医与烹调于一炉而成的美味佳肴，且能得健美长寿之力，如"高考健脑菜品美食节""美容健身菜品美食节""长寿菜品美食节"等。

9. 以餐饮美食器具为主题

餐饮美食器具是盛放餐饮美食的主体，可以打造独具特色的餐饮美食器具营销活动，如"系列火锅美食节"，推出任顾客选用的自助火锅以及因人而异的各具特色的火锅系列，有一人用各客火锅，有多人用边炉火锅，还有各具特色的烧烤火锅、石头火锅等。"系列铁板菜美食节"，用特制的生铁板烧红后，淋上油，撒上洋葱丝，下烤上燎，热气腾腾，气氛浓烈，各式荤素菜肴尽尝风味。"各式沙锅菜美食节"，以大小不同的沙锅为主体烹制菜肴，可一人一锅，品种各不相同，任君备选。

10. 以普通百姓大众化菜点为主题

以大众化消费为主导的适应工薪阶层的菜品作为美食节主题来推销，这是迎合广大消费者的需求，满足社会市民、服务普通大众的大市场而推出的各具特色的菜品项目，如"家常风味美食节""乡土风味美食节""田园风味美食节""地方小吃食品展""贵阳风味小吃宴"等。家常风味、乡土菜品已受到越来越多的消费者的青睐，也得到了许多高档客人的喜爱，家常风味宴席也成为许多饭店畅销的品种。

11. 以某一宴席或几种宴席菜点为主题

美食节活动可直接以某一种或几种宴席菜单作为主题，因饭店的客情较好，平时也较忙，为了展示餐厅特色，美食节期间只销售宴会，不提供零点菜；或因为人手有限，每天只供应几桌，只有提前订餐。如，以中餐西吃菜点组成的"中西合璧宴"，以赏花灯、猜谜、娱乐为主的"花灯宴"，以团圆菜点组成的"合家欢宴"，以南方地区海产品为主的"越闽海味宴"等。

12. 以海外菜品为主题

餐饮企业经营管理人员可适当推出多类型菜品，打造异域餐饮主题风格元素，如"法国菜美食节""日本菜美食节""西班牙菜肴美食节""阿拉伯菜美食节""东南亚风味菜肴美食节"等，或聘请外国名厨料理，或请有关专家指导，或渲染本店餐饮风味菜式。以外来菜为主题的美食节，可作套餐、零点，也可利用自助餐形式和宴会形式等。

（三）确定美食节主题的要素

美食节活动经过几十年的发展，应该说，思路是非常广阔的，餐饮企业在策划活动中可抓住某一契机，从不同的角度、不同的层面确定美食节的主题。但在具体确定美食节的主题过程中，管理者应当注意以下几点。

1. 饭店的条件

饭店在确定美食节主题时，应根据饭店的情况来通盘考虑设计主题。一方面要考虑饭店的经营档次和经营风格；另一方面要考虑员工的技术能力，厨房、餐厅的设备设施以及餐饮服务提供系统的实际情况。不同的餐厅可选择不同的主题活动，由饭店的具体情况而定，切不可不伦不类。厨房员工的技术水平在很大程度上影响和限制了菜单菜式的种类和规格。设施设备的运作情况对美食节主题也有很大影响，特别是高档次的美食节活动。另外，食物原材料的供应情况也是美食节活动不可忽视的一个方面，主办人员在构思之前就要考虑本地方的具体特点，以保证美食节活动的顺利开展。

2. 饭店和餐厅形象

美食节主题是餐厅一切业务活动的中心，它的确定将直接影响和支配着饭店经营和餐饮服务的提供系统。美食节营销活动的进行是为了树立和强化饭店的形象，增加无形资产，进而增加销售收入。而作为促销手段的美食节活动是饭店营销活动的重要内容，因此，美食节的举办应当与饭店已经形成或者正在形成的形象一致，谨慎地选择美食节主题。例如，在二星级饭店举办"法国大餐美食节"就显得不合时宜。

在餐厅服务上，美食节的菜式品种越丰富，所提供的餐具种类就越多；菜式水准越高越珍奇，所需的设备餐具也就越特殊。各饭店应根据美食节主题来选购食品原材料、餐饮设备和餐具，以保证美食节活动与整个饭店、餐厅形象相一致。

3. 市场需求

人们的消费观念在不断地变化和更新，对餐饮消费的需求随着时代的不断变化而发展。餐饮企业的美食节活动必须根据市场的要求而开展。经营者要通过调查研究，面向市场，面向消费者。另外，随着餐饮行业市场竞争力度的扩大，餐饮企业经营管理人员需要推出特色营销活动，顺应餐饮市场消费心理需求，打造餐饮核心市场竞争力，而选择美食节主题正是适应这种需求及经济变化而带来餐饮经营方式的变化。

美食节的所有活动都是围绕主题而展开的，为了使美食节的活动内容赢得客人的认同和参与，美食节的主题应当迎合客人的要求。只有在适当的主题的指引下，餐饮企业才能开发出满足顾客需要的美食节餐饮产品、服务以及各种活动。因此，餐饮管理人员应重视市场调查，深入了解客人的需求。

三、节假日品牌宣传活动策划

（一）品牌经营的重要性

企业品牌代表了企业产品的美誉度和信誉度，品牌经营是企业打造市场竞争力的手段。品牌既是一种重要的知识产权，也是一种可以量化的重要资产。对于餐饮企业，品牌产品是指有一定声誉，赢得了消费者认可，在餐饮传统经营特色基础上，借助于企业的无形资产，注入企业形象、内涵、品质、服务等优势，在社会上享有一定声誉的名特产品。简单地说，就是餐饮企业的知名度和美誉度，其实质含义是创造出与众不同的并能得到消费者广泛认可的产品和服务，以此获得稳定的、长期的、超出一般同行水平的利润。对于餐饮企业来说，品牌经营的重要性则主要体现在：

①确立餐饮企业品牌形象，实现餐饮企业品牌与餐饮市场营销的关联，建立良好的市场美誉度和信誉度，赢得消费群体。

②形成与餐饮顾客稳定的往来关系，使餐饮企业能够获得较为扎实的客源基础。正是因为品牌广为人知、备受赞扬，所以顾客在进行消费选择时，只要条件许可就会选择品牌企业的餐厅。

③助推企业打造品牌连锁经营理念，扩大市场营销规模。

④使顾客在就餐时能产生优越感，比在一般餐厅就餐获得更多的愉悦和超值享受，对提升企业的品牌形象、创制企业的名特产品的优势是显而易见的。

（二）节假日品牌营销策略

节假日活动是全民活动，由此节假日餐饮市场潜力巨大。餐饮企业制订餐饮市场营销策略时，需要把握餐饮消费群体心理观念，并根据餐饮市场节假日运作方向，开拓新型餐饮产品营销项目，以此获得良好的市场营销环境。

节假日餐饮市场拥有较大规模的消费群体，餐饮企业可按照节假日习俗特征制订餐饮产品营销策略，推出适合各类消费群体需求的餐饮消费项目，如推出特色菜品和服务，引导消费者进入深层次的理性消费。餐饮企业在瞄准大众化餐饮市场的同时，应积极开发假日特色餐厅，如儿童餐厅、娱乐餐厅、异国风情餐厅、情人餐厅、网上餐厅等，以低价位、高品质服务、丰富的菜肴品种吸引客人，推出以家庭消费为主的节日套餐，并在节假日重点推出绿色环保菜品、儿童套餐、老年套餐、情人套餐、春节团圆套餐等。除讲究味道、造型外，餐饮企业还要注重菜品的营养和保健作用，以满足不同年龄、不同要求的顾客需要。依据节假日习俗特征打造餐饮品牌营销理念，是推广餐饮企业品牌知名度的必要措施。节假日品牌营销，重在推广餐饮企业传统特色菜品，以优质的服务方式和菜品类型，引导顾客消费群体积极关注餐饮品牌，推广各类节假日菜品，适应各消费群体心理需求，刺激顾客消费欲望，形成大众化、特色化的菜品，体现文化营销、亲情营销、娱乐营销等特征。

（三）菜点品牌的推介宣传

餐饮企业产品营销以宣传特色美食活动为导向，正如人们经常说的"酒好也要勤吆喝"，品牌产品的宣传更是如此。餐饮企业宣传属于企业市场营销手段，餐饮企业宣传以树立餐饮品牌形象为目的，旨在扩大餐饮品牌在餐饮消费市场中的知名度和美誉度。餐饮企业借助宣传开展市场营销活动，可以适时引导消费群体的购买行为，有效转换产品价值。

宣传与广告并非是两个完全等同的概念，广告只是宣传的一种方式。

广告是指企业以媒介传播为营销手段开展的信息宣传活动，广告宣传以特定消费人群为目标，并引导潜在消费人群转为主要消费人群，带有明显的商业化特征。宣传包含广告营销，但宣传兼具商业和非商业化特征，宣传人员可根据信息内容选择传播方式。大部分广告都是针对企业的产品而言，包括产品的特色、价格，以及能给顾客带来什么样的价值和利益等，而宣传活动既有对产品的推介，又包含对企业形象的推介，如企业团队文化建设理念、企业产品经营策略和企业社会公共关系维系等。广告活动很少能做到这些，并且企业打广告通常追求的是在短期内获得回报，而企业的宣传活动既有追求短期内获得经济效益的愿望，更有培育、提升品牌形象的考虑。企业品牌是企业生命力的象征，企业经营管理人员必须重视企业品牌形象建设，扩大企业品牌在市场营销环境中的宣传效应。

第三节　厨政职业道德规范

一、餐饮业与厨政人员职业道德

（一）餐饮业职业道德的主要表现

餐饮业职业道德是从事餐饮业的员工在劳动和餐饮职业活动过程中所应遵守的道德准则和道德行为规范的总和。餐饮业职业道德既是对餐饮行业及其从业人员的行为要求，又是餐饮行业和从业人员对于社会应当承担的责任与义务。

1.餐饮业经营道德

餐饮业经营道德是指餐饮业在经营活动中必须遵守的道德要求，具体包括经营决策与管理、原材料采购与贮存、菜点销售与服务、广告营销的等职业道德规范。它的基本原则有：

①餐饮企业全体人员都需注重消费者权益，妥善解决餐饮企业利益与顾客消费利益、市场经济效益间的关系。

②坚决抵制违反餐饮市场不正当竞争的行为事项。

③忠于职守，尽心尽责；团队协作，艰苦奋斗。

2.餐饮业质量道德

餐饮业质量道德是厨房生产和餐饮服务部门在经营过程中，与菜点、酒水、服务和工作质量相关的道德要求。它包括菜点和酒水的质量及服务质量两个方面。

（1）菜点和酒水质量的主要规定：

①酒水纯度、外观与包装方式、不合格率，菜点色、香、味、形、质。

②成本过程：单位成本与损耗、厨房生产费用等

③菜点、酒水的服务情况，包括销售服务、菜点的营养性、顾客满意度、市场状态调查等。

④厨房生产供应量与菜点质量的关系。

（2）餐饮业服务质量

一是指完成菜点、酒水销售过程的服务质量；二是指服务行业在经营过程中对消费者需要的满足程度。菜点和酒水质量及服务质量二者关系密切，如果菜

点、酒水质量不高，即便再热情、周到的服务，消费者也不会满意。服务质量应当是菜点和酒水质量的必然延伸，优良的服务质量是菜点和酒水质量最终实现的保证。

应当特别指出，质量道德行为的主体是餐饮业的一线劳动者，餐饮业的一线劳动者就是厨师和服务员，他们直接承担和创造着菜点质量与服务质量，他们对待工作、菜点、服务的敬业精神和认真求实的态度，是质量道德水平的最基础、最直接和最根本的保证。

3. 餐饮业竞争道德

餐饮业竞争道德是餐饮企业及厨房生产和服务销售从业人员之间，在市场上互相竞争过程中应当遵守的公平竞争原则和道德准则。

①所有的餐饮经营者集体和个人的竞争行为（主要是经济行为）必须符合国家法律、人民利益和社会道德。

②餐饮行业在经营过程中，都应遵守自愿、平等、公平、诚实守信的商业道德，不能抱着"同行是冤家"的不良竞争态度。

（二）餐饮业社会舆论与职业习俗

1. 社会舆论

社会舆论是指社会各阶层群体针对某种社会现象或事件，以媒介为传播手段，发表带有特定倾向性的语言或文字内容。社会舆论在职业生活中广泛存在并渗透到职业生活的各个方面。在职业道德评价中，社会舆论具有外在强制作用。常言所说的"人言可畏""舆论压力"等就是社会舆论在道德评价中所起的作用。

社会舆论对职业活动中的一些行为，用善良、公正、高尚、诚实等语言给予肯定评价，并对这些"善行"进行赞扬和褒奖；对职业活动中的另一些行为却用丑恶、偏私、卑鄙、虚伪等语言进行否定评价，并对这些"恶行"进行批评和谴责。社会舆论的目的是扬善惩恶、褒美贬丑，以维护社会职业道德原则和规范的权威。社会舆论是影响从业人员道德意识和职业行为的强大精神力量，是进行职业道德评价最重要的手段。在使用社会舆论和接受社会舆论信息时，餐饮经营者不仅要充分意识到社会舆论给企业带来的赞扬和褒奖，同时还要意识到社会舆论给企业带来的批评和谴责。前者可以为餐饮企业形成良好的口碑，让顾客接受、认同；

后者能够让弱小的餐饮企业一夜之间就垮掉。一个好的餐饮经营者，只有正视社会舆论，加强本企业的职业道德建设，加强本企业的内功锻炼才能保证本企业有所发展。

2. 职业习俗

职业习俗包括职业传统、职业习惯等，是从业人员在长期的职业活动中形成的一种稳定的、习以为常的职业行为倾向和行为方式。它通过"合俗"与"不合俗"来评价从业人员职业行为的善与恶。在这种评价标准中，凡是符合传统行为习惯的就认为是道德的、善良的；凡是不符合传统行为习惯的就认为是不道德的、丑恶的。

职业习俗对人有一种长期的、潜移默化的影响，给人一种历来如此的深刻印象。凭借这种"惯性"，人们往往不假思索，就自然而然地接受了它对自己职业行为的支配，它左右着人们的职业行为。职业传统习俗对现成的职业道德行为规范起补充和制约的作用，是对职业道德行为进行善恶评价的一种不可忽视的手段和力量。

餐饮行业有着众多的传统习俗，在使用这些职业习俗对职业道德行为进行评价时，要注意发挥有生命力和积极作用的职业习俗的作用，否定和抛弃陈旧过时和起阻碍作用的职业习俗，提倡和培养新的符合职业道德原则和规范的职业习俗。

（三）厨政人员职业道德行为规范

厨政人员的职业道德行为规范是厨政人员在餐饮活动中必须遵守的符合顾客根本利益的职业行为准则。具体表现以在下 8 个方面：

1. 爱国爱民，遵纪守法

热爱祖国，热爱人民，具有强烈的民族和社会责任感。厨政人员要遵守国家的法律法规，不采购、烹制、销售国家保护的野生动物和植物；要遵守企业工作纪律及各项规章制度，听从企业经理的安排指挥，做一名好公民、好员工。

2. 爱岗敬业，忠于职守

餐饮市场是构成产业经济的主体部分，餐饮消费者在餐饮产业经济中占有重要地位，成为餐饮企业重点营销对象。厨政人员的素质在提高，厨政人员的地位也越来越重要。尽管烹调工作苦、累、脏，工作环境条件差，但厨政人员仍应该热爱烹饪事业，安心本职工作，以服务于顾客，服务于社会为已任，忠于企业，忠于顾客。

3. 钻研业务，推陈出新

学无止境。消费者的消费水平在提高，口味在变化。这就要求厨政人员除掌握扎实的烹调基本功外，还要懂得消费者的消费心理，不断掌握新工艺、新技术、新知识，互相学习，取长补短，不断推陈出新，满足消费者在饮食文化方面的需求，以健康文明的饮食方式正确引导消费者。

4. 诚信至上，质量第一

诚信、质量是企业的生命，也是厨政人员的基本素质所在。厨政人员既要对企业负责，更要对消费者负责；自觉维护企业利益，爱护企业财产，勤俭节约，为企业增收节支；不欺瞒误导消费者，不损公肥私，进购低劣原料，制售劣质的有毒有害的食品，损害消费者利益，甚至危害其生命。

5. 团结协作，互助互爱

厨政人员在工作中要发扬团队协作精神，互相帮助。厨房是生产菜品的车间，厨政人员是生产车间的工人，生产菜品有许多环节，摘、洗、切、配、烹等环环相扣。这就要求每个人心中都要有全局观念和团队精神，要互相协作配合，否则，如果一个环节出了问题，就会影响菜品的质量。

6. 文明安全，讲究卫生

厨政人员从事的具体工作是生产食品，食品直接影响消费者的身体健康甚至生命安全，所以每个厨政人员必须严格遵守《中华人民共和国食品卫生法》，严格执行餐厅安全操作规程，防火、防盗，文明生产。厨政人员要有健康的身体和良好的卫生习惯，着装整洁，严格执行卫生"五四"制度，做到"四勤"，从原材料的采购、食品加工到存放都要制定措施，以保证食品的干净卫生，坚持做到持健康证上岗制度。

7. 优质服务，热情周到

厨政人员对待顾客要热情周到，提供优质服务，做到烹饪工艺质优、原材料质优、烹饪管理质优，为顾客提供可口的菜肴。

8.精益求精，技艺精湛

厨政人员对烹饪技艺要精益求精，不断提高技术技能，在总结传统烹饪技艺的基础上开拓创新，不断推出新品种、新工艺。

二、厨政人员营销运作管理职业要求

（一）美食活动营销运作管理职业要求

1.通过调查研究，编写全年计划

厨政管理者应通过开展美食调查竞争性预测，针对本地区餐饮企业进行定向性资料搜寻、分析，以此制订本餐饮企业全年经营管理计划。该过程即为美食市场调研，是厨政管理者需要掌握的必要技巧。

美食市场调研需要厨政管理者具有精确的分析判断能力，厨政管理者应凭借洞察力，透彻地剖析市场情况来设计自己的美食活动在市场中的定向、定位和竞争性，确保餐饮企业能够适应餐饮市场竞争需求，向餐饮顾客推广美食节营销活动。

美食节活动市场调查旨在分析客源状况和经营目标，根据调查分析结果制订餐饮企业美食营销计划。餐饮企业需要掌握市场竞争对手美食营销策略，从而为美食活动创造个性特色，良好的、切实可行的计划是有条不紊进行标准化管理的有效保障。餐饮企业应在每年年末编制下一年度的美食节活动计划，为下一年的餐饮工作做好充分的准备，以保证各项活动的顺利开展和取得圆满成功。

有条件的餐饮企业应由运转总经理召集餐饮部经理、总厨师长、餐厅经理、公关部经理、营销部经理等有关人员，一起研究讨论，依据主题内容进行分头工作，按照分工要求各自管理美食营销活动计划，组织下属人员有计划开展美食营销活动。根据厨房、餐厅的工作安排，美食节活动期间，餐饮部所有人员应依据活动期间的客情，合理安排和落实具体人员，以保证美食节活动的万无一失。

餐饮部内部需要有序协调各岗位人员工作安排，对预定美食节场地、设备用具做好详细计划，及时处理餐饮厨房生产人员人手不足的问题，保证即餐饮美食营销活动落实到位，从而有效发挥餐饮美食营销推动作用。

2. 做好现场管理，加强内部协调

餐饮企业内部相互协调配合，解决厨房或餐厅生产活动计划，以标准化管理模式落实美食节活动。餐饮企业内部各级部门需根据美食节活动计划，进行相应的活动物料准备。具体来说，餐饮采购部负责采购美食节原材料，保证厨房生产供应；餐饮厨房部根据美食节菜单，负责制作加工美食菜点产品；餐饮餐厅部负责布置与美食活动营销主题相符的场景氛围，为餐饮顾客推荐美食节菜点产品；餐饮工程部负责维护场地用具设备和厨房生产设备等；餐饮部经理和各级部门管理人员负责监督活动执行力度，询问餐饮顾客意见或建议。

（二）节假日活动营销运作管理职业要求

1. 开发假日市场，做好接待准备

假日市场蕴涵较大的餐饮商机，厨政管理者需要把握餐饮假日市场营销特征，迎合餐饮顾客消费心理，认清假日经营的内涵与外延，总结餐饮假日市场营销规律。

随着人们生活水平的提高，居民收入多元化、消费多样化，此时正是大力开发假日餐饮市场的好时机。同时，政府为假日市场的发展创造了广阔前景和环境氛围，全国各地的餐饮市场是很宽广的，有待于餐饮企业开发特色产品以回报社会、回报消费者。

积累假日市场工作经验，并定期培训餐饮厨房部员工技术，是餐饮企业持续赢得假日营销效益的关键。此外，餐饮企业制订假日经营计划时，需要考虑节日气氛和节假日风格特色等内容，尽量落实前期宣传任务，并做好岗位人员安排、活动物料准备、菜点菜单设计等工作，备足货源和特色菜单是确保假日营销活动顺利开展的基础。餐饮企业要开发经营假日市场，应以制订经营计划和管理模式为依据，有效应对假日顾客人流量大、岗位人员管理不足的问题，解决假日顾客消费需求。

2. 发挥地域特色，做好节假日服务

节假日的餐饮市场是团聚者多、旅游餐多、婚宴多、家宴多、散客多、外地人多、新面孔多。从某种意义上来看，节假日经济是大众经济，仅依靠少数高收入者的消费是不可能拉动节假日经济的。对普通消费者而言，具有吸引力的餐饮服务是在其经济能力承受范围之内产生超值利益满足的享受。因此，中低档次的菜品制作和餐饮服务将成为假日市场中餐饮企业发展的主导方向。

餐饮企业应以培训餐饮员工服务品质为经营管理内容，以迎合节假日期间顾客餐饮消费需求为目标，按照餐饮市场休闲消费需求增长特点，对各类餐饮顾客消费群体进行细分，形成节假日餐饮多元经营管理方式方法。

发挥地域、民族特色是节假日餐饮经营的最佳选择。餐饮企业应针对四面八方的客源市场，强化本地餐饮的风格特色，利用地方菜、民族菜、仿古菜、田园菜等特殊风味来吸引南来北往的旅游客人。特别是具有民族特色的饭店企业或乡土风味浓郁的餐饮场所，能够将民俗文化尽情展现给广大顾客，可以举办集知识性、趣味性于一体的活动，调动顾客们参与，把美食、文化、娱乐融为一体，从而给顾客留下难忘的印象。

第六章　基于中餐厨政管理的创新研究

本章为基于中餐厨政管理的创新研究，分别从中餐厨政管理现状与发展趋势、中餐厨房运作特点与要素、中餐厨房菜品创新管理、中餐厨房生产线创新管理四个方面进行阐述。

第一节　中餐厨政管理现状与发展趋势

一、中餐厨政管理现状

餐饮企业以经营各类烹饪原材料获取利润，厨房生产各具特色的菜点，制作、加工、生产菜点，是餐饮企业经营管理的中心环节，在餐厅整体经营中举足轻重。因此，厨房生产中心直接影响厨房经营管理，现代餐饮企业需要重视厨房经营管理工作。

针对餐饮厨房生产开展管理工作，厨政管理者需要强化生产技术培训意识，以餐饮企业经营方向、经营绩效和经营发展为导向，完善厨房事务管理细则，提高餐饮企业在餐饮市场中的竞争力。厨政管理能力在厨房生产环节中居引导地位，餐饮企业要想获得长久发展，就必须重视厨房事务管理工作。建立健全厨政管理模式，为解决现代厨房生产技术落后问题提供保障，能够进一步推动现代厨房生产人员强化质量观念，使厨房工作流程得以正常运转。厨政管理成为餐饮企业经营的中心内容。

（一）管理模式陈旧

企业管理模式是企业经营发展的核心基础，厨政管理者需对餐饮企业的组织架构、运行机制与方式等确立管理模式，并形成餐饮企业管理思想、餐饮企业管理理论与餐饮企业管理原则。完善餐饮企业经营管理体系，成为现代餐饮企业立足市场竞争、获得长久生存的关键。任何行业及企业都需建立健全管理模式，陈旧的企业管理模式不符合市场竞争需求，会阻碍企业在市场中的长久性发展。

现代餐饮厨政管理以追求餐饮规模效益为目标，依托相对成熟的管理思想、管理理论、管理原则与管理技法，对餐饮厨房部门生产环节进行细化管理。厨政管理实践经验是总结厨政管理模式的来源，只凭借经验管理厨房事务会影响厨房生产效率。

企业管理模式要与市场发展方向保持同步更新，现代厨房管理模式与餐饮市场发展需求不协调，会阻碍餐饮经营发展。

①如果餐饮企业总体发展目标与厨房生产工作不相适应，没有明确的预算计划，阻碍餐饮企业长久发展。如果餐饮企业经营管理人员不制订明确的计划、目标，就会呈现盲目的特点。餐饮企业不能盲目跟风餐饮市场，要结合餐饮企业风格特点设定餐饮企业卖点，要使餐饮经营管理体现计划性特征。厨政事务管理是餐饮企业生产发展的保障，管理者需要明确厨房生产计划与预算开支，如果缺乏明确指导要求，就会影响餐饮企业的形象。

②厨房职责分工尚不明确，遇到问题互相推诿指责，厨房内部员工团结意识降低，影响厨房生产工作效率。

③厨房规章制度形同虚设，没有强有力的执行措施，影响厨政事务管理流程。

④厨房部门与其他部门缺乏程序沟通，餐饮企业各部门协调关系出现矛盾问题。

⑤厨房人力资源绩效管理制度不明晰，尚未健全员工激励体系，影响厨房员工积极性。

餐饮企业经营者会针对管理问题进行调整改进，逐步建立完善的厨政管理模式，进而推动餐饮企业获得持久性的经济效益。如果经营者只注重厨房生产，而不注重厨房管理，则会在餐饮市场竞争中处于弱势。

（二）包厨制的利弊

按照拟定承包合同，厨师群体主要负责厨房生产、管理等各项事务工作，并在承包合同期限内获得相应报酬，这就是现代餐饮企业投资者常使用的包厨制度。

餐饮企业投资者看重餐饮业巨大利润潜力,但常常对餐饮业运作规律缺乏概念认知,包厨制一般形成于餐饮业高速发展的初期。在这个时期,餐饮业有着巨大的利润潜力,吸引投资者将资金投到餐饮行业中。餐饮业中的投资者并非都懂行,他们对餐饮业的运作及其规律概念模糊,而是信任厨师,认为厨师会带来效益(这一点厨师的确做到了,而且现在也如此),索性就将厨房承包给厨师,由厨师全权负责厨房的生产与管理,投资者对厨房事务毫不过问,或很少过问。

在包厨制运行的初期,由于厨师的技术实力,加上企业内外环境因素,餐饮企业的经营取得了一定效益,厨师们为投资者带来了利润。在这一时期,包厨最大的好处就是能为投资者分忧,分担了厨房生产、管理的重任,使投资者有精力去考虑别的投资项目和其他经营管理问题,而不会为厨房内具体事务操心。

随着承包时间的延长,包厨制就逐渐暴露出问题,如厨师去留频率加快,菜点质量不稳定,厨房与前厅的沟通不畅、矛盾加剧等,出现了厨房的厨师团队频繁更换的现象。然而,经营者并没有真正意识到,厨房工作与其他行业的工作一样,其生产与管理是有区别的。包厨制并不是解决厨房工作乃至餐饮经营的法宝,存在着以下弊端:

1. 重生产,轻管理

厨师的职责是负责菜点生产加工,他们对生产管理常常缺乏必备的专业知识和技能。厨房工作强调的是菜点的内在质量,而忽略了生产管理对菜点质量的影响和控制,生产缺乏详细的计划和严密的组织,对出现的问题不能及时、周全地加以解决,这是一种轻视管理的现象。

2. 用人情管理代替制度管理

包厨制中的承包人,这就是所谓"提口袋"的人。餐饮企业投资者将厨房的工作承包给承包人,由其全权负责厨师班子的组成以及厨房的其他一切事务。承包人是厨房中至高无上的人,厨师班子成员的工作安排、报酬、菜品和菜品质量都由承包人说了算。这就容易出现所有厨师围着承包人转的现象,与承包人关系好就容易得到重视,以获得理想的报酬,对于迟到、早退也不会过问,请假也比较随便等。这就极大地制约了员工的工作积极性和主动性的发挥。

况且,在包厨制的厨房运作中,大多数承包人不会研究厨房管理问题、拟定管理制度、建立管理模式。

3. 承包人没有长远的规划

包厨期长的有两三年，短的有 1 个月。承包期的变化有投资人的原因，也有承包人的原因。承包人包厨的目的，比较典型的就是在短时期内，利用雇佣的厨师赚钱，他很少会从长计议。因为他不了解投资人，不了解投资理念，同时对自己承包后的经营效果也没有十分把握，投资人与承包人之间的信任是暂时的。

正因为如此，承包人包厨后，对厨房工作不会制定长远的规划和全面周到的规章制度，而会将主要的业务投入到目前的生产之中，以完成投资人在合同中拟定的利润指标。厨师的培训计划、设备的维修维护计划、标准化管理计划等都不会被纳入正常的厨政管理之中。

在经济环境好的情况下，经营效益往往掩盖着一切。随着餐饮行业竞争加剧，如果餐饮企业没有目标的管理，没有长远的规划，始终跟在别人后面、效仿他人，那么最终只会被淘汰出局。

4. 承包人左右着投资人

投资人将厨房承包给承包人，承包人成为厨房的主要负责人，厨房内厨师班子是由他亲自组织、搭建的，承包人具有相当强的号召力。一旦承包人与投资人关系僵化，投资人将面临承包人带领厨房员工整体撤出，有直接关门的风险，这是包厨制的最大弊端。一旦发生这种情况，对投资者会造成相当大的经济损失，投资者对此应有足够的认识。

二、中餐厨政管理的发展趋势

（一）以系统化整合核心竞争力

厨房是一个由多部门、多工种组成的有机整体。按整体组织原则，厨政管理要从整体上把握对象；要把各方面的要素联系起来，搞好厨房行政决策管理；要在动态中把各环节联系起来，处理各环节之间的关系；要按系统原则组建各层次之间的内在关系，把握管理目标，使各层次为实现餐饮企业经营整体目标而努力，打造企业核心竞争力；要从整体上把握与餐饮企业其他部门的关系，正确认识厨政管理在餐饮经营管理中的作用和位置。

（二）以规范化提升管理水准

规范化的核心是标准化和制度化，这是一个企业经营的起点。厨房作为餐厅的生产中心，它的规范化管理尤其重要。厨房管理的规范化内容主要包括：厨房产品的质量标准、卫生标准、定价标准，厨房设备设施及场地规划标准，厨房产品的生产标准，以及管理要依据的法规、纪律、规章、制度、职业道德和岗位责任制等。

（三）以现代信息手段提高市场竞争力

在新经济时代，信息是一种资源，餐饮企业的竞争在某种意义上是信息资源的竞争，如何利用和开发客源市场、产品市场以及收集竞争对手的信息，显得尤为重要。因此，餐饮企业必须加强信息资源管理，要建立信息中心或市场开发部，并与地区、行业和有关信息网络建立密切联系，为厨政管理者及时提供信息，调整产品，供应新的品种，以抓住经营和发展的时机。

厨政管理者要与餐饮营销部门一起，利用市场信息，组织餐饮企业的特色经营活动。这样，一方面可以方便顾客、吸引顾客；另一方面也可以使餐饮企业经营管理工作更加现代化，从而融入到时代潮流中，随着社会的发展而发展。

厨政管理者还可以借助互联网找到自己所需要的设备产品信息、烹饪原材料信息，也可以通过自己的网站主页发布信息，甚至还可以找到企业潜在的顾客和合作伙伴。

第二节 中餐厨房运作特点与要素

一、中餐厨房运作特点

（一）中餐厨房生产量的不确定性

厨房生产量是指厨房员工加工生产的总量，包括采购数量、初加工数量、切配数量和烹制出品数量。厨房生产量往往是一个不确定的量，由此往往会造成贮藏积压或缺货。造成这种现象的因素很多。

1. 客源的需求波动

厨房生产的目的是销售有特色、有品质保证的菜点来吸引顾客，而特色不分明、品质得不到保证的菜点的销售数量往往较低，但是顾客并非专家，在评价菜点品质、特色等因素时，有时会有不同的答案。"适口者珍"是美食美味最真的标准。顾客会因时间、"气候、心理、进餐的目的、性质对美食美味有着不同的理解，他们的需求总是波动变化着的，而美食美味也随着客源需求的波动而变化着。

客源需求的波动直接反映出客源的数量。这就要求餐饮经营者、厨政管理者投入大量的精力把握客源需求波动的规律，做好订餐、客人信息和意见反馈的工作，做好开发、利用新菜点的工作，使客源数量达到并保持在一个较理想的水平。

2. 生活习惯、方式的变化

在经济不太发达的年代，人们收入低，餐馆少，请客吃饭大都在家里，餐厅厨房的生产量始终处于一个较低的水平。随着经济的发展，人们的工作节奏加快，收入增加，相应的应酬也多了，有更多的条件和机会到餐厅进餐，这就在总体上增加了餐厅厨房的生产量。

随着厨房总生产量的增加，任何一个餐饮经营企业要分得它应得的市场份额，吸引更多的顾客来进餐，还要做很多工作。餐饮经营者要认真研究，以适应因生活方式变化而产生的新的餐饮运作方式。

（二）制作手工性

厨房的生产是厨师技术性操作过程，是烹饪艺术展示的过程，并不同于食品加工厂的生产。厨房的产品有很强的个性展示要求。

1. 生产劳动凭借手工

厨房产品品种繁多，规格各异，生产批量小，其出品快慢要求不一，技术复杂程度千差万别，这决定了厨房生产方式只能以手工操作为主。

2. 手工制作的差异性

厨房生产凭借手工制作。厨房工作人员的专业水平不一致，认识、判断、解决问题的方式、角度不一样，再加上工作人员情绪的变化及烹饪技术特有的模糊性和经验性，自然就造成了菜点品质的差别。

（三）产品的特殊性

厨房产品是顾客直接享用的食品，必须与餐饮服务相配合、相依存，必须与餐厅的档次相适应、相媲美。它具有以下特殊性：

1. 产品是提供给顾客的食品性商品

厨房产品作为食品，必须符合《中华人民共和国食品卫生法》的规定，无毒、无害，符合营养要求，具备相应的色、香、味等感官性状。

厨房产品的卫生质量依赖于厨房生产和服务两个方面的配合。厨房不得生产、加工有毒有害的菜点，餐厅不得销售有毒有害的菜点。同时，餐厅服务还要避免在服务过程中对菜点的污染。

厨房生产的菜点质量的优劣，不仅关系进餐顾客对其餐饮满意程度，而且还直接影响着顾客的身心健康。厨房产品一旦运送、贮存、保管、使用不善，就会被污染，引发食物中毒，造成不良的社会影响和较大的经济损失还可能承担相应的法律责任。

2. 产品规格多、批量小

由于顾客需求波动，使得厨房产品种类和数量处于动态变化之中。厨房产品因就餐顾客需要而订，厨房根据客人所订的数量进行生产。顾客喜欢什么，厨房就生产什么，但有多少顾客喜好同一种菜点，这对厨房来说难以确定。所以，厨房生产往往表现为个别的、零星的、时断时续的、规格不一的生产作业方式。

二、中餐厨房运作的基本要素

（一）硬件设备

硬件设备是厨房生产运作的基本要素之一。它主要是指厨房中的烹调设备、加工机械和贮藏设备，更广泛的含义还包括厨房中的各种用具、餐具。

硬件设备对厨房产品质量起着关键的作用，厨房生产除了依赖厨师的技艺和原料品质外，还与厨房生产的硬件设备密切相关。因此，菜点的形状、口味、颜色、质地和火候等各个品质指标都受其硬件设备的影响。

对于餐饮投资者和经营者来说，厨房的硬件设备的选购是一项重要的工作。由于菜点是餐饮经营中重要的产品，既体现了餐厅的特色和档次，又代表了餐厅的形象，因而要尽可能地选择优质的厨房设备。优质的厨房设备不仅能生产高质量的菜点，而且工作效率高，安全、卫生、易于操作，可节省人力和能源。餐厅在选购硬件设备时必须考虑如下因素：

1. 计划性选购硬件设备

现代厨房设备不仅价格昂贵，而且会消耗大量能源。因此，餐厅应有计划、有目地地购买厨房设备，应针对餐厅经营的需要添购适用的厨房设备，要分清必备设备和有用设备的区别。

2. 厨房设备应符合菜单需求

菜单是餐厅经营水平、档次的一个直接反映，菜单的需求就是经营的需求。在经营和管理中，餐厅无论经营何种菜点都必须具备相应的生产设备，生产设备的选购应以符合菜单需求为依据。所以，购买实用、符合菜单需求、结实耐用、便于操作的厨房设备，是餐厅经营对厨房设备选购的根本原则。

3. 厨房设备经济效益分析

选购厨房设备时，一定要进行效益分析。首先要对选购设备的经济效益作出评估，然后对购买设备的成本进行预算。

4. 厨房设备生产性能评估

厨房设备的生产性能直接影响菜点质量和生产效率。因此，在购买厨房设备前，管理者应根据厨房各部门的具体需求，对要购买的设备逐个进行生产性能评估。此外，选购厨房设备时，管理者还应考虑企业未来的菜单变化和设备消耗能源的情况。

5. 厨房设备安全与卫生要求

安全与卫生是选择厨房设备的主要因素之一。它涉及设备用电、用气的安全，设备外观是否光泽、平整，有无裂缝、孔洞，是否利于清洁、保养等诸多方面。管理者绝不可贪图便宜，买入质量低劣的产品，为生产带来后患。

（二）工作环境的构建

厨房内部环境不仅直接影响工作人员的生活、健康状态，也会影响食品原材料的储藏与烹调。

构建一个科学的、人性化的、良好的厨房工作环境是为了最大限度地发挥员工的工作积极性，提高其工作效率和产品品质。其主要目标应为：搜集所有的相关布置意见，符合人体生理运动的设计，提供最有效的利用空间，简化生产过程，安排良好的工作路线，提高员工工作效率，控制全部生产品质，确保员工的作业环境透气、卫生和安全。上述几项目标需由厨房设计人员、管理者及有关现场人员一起来协调合作完成。

在构建厨房环境时，相关人员要充分考虑经营目标、经营方式、服务方式、顾客人数、营业时间、未来需求趋势、增加产量等问题，还包括品质的标准及整体的投资情况。经营者要充分认识到良好的工作环境对生产的极端重要性，切不可为了节省投资而对以后的经营造成难以弥补的缺陷。

（三）人员配备

在厨房运作要素中，人是最活跃的要素。餐饮经营者应根据餐厅经营的目标、档次，根据厨房工作的具体需要，按部门、工种配备相应的厨房员工，以保证厨房能够正常运作。

工作人员配备的目标是使素质优良的员工参加经营管理。工作人员配备的程序包括考核应召者和作出选取决定。餐饮经营者要对厨房组织进行总体构建，用《工作岗位说明书》列出工作岗位所要求的任务。《工作岗位说明书》要明确指出在这个职位上的职工执行什么任务。这样做易于招聘，使应聘者在应聘时及时了解有关的工作内容及要求。

工作人员配备的第二个工具是《工作条件说明书》，它列举了有效执行这一工作所需的人员素质，同时还提出了要胜任这项工作所必须具备的各种具体条件。

一个新员工在工作中的最初感受会影响到他和组织的关系，所以，餐饮企业需要做精心安排，及时、全面地向新职工介绍他的上级、同事和总的组织情况。当工作人员配备到位后，管理者就应该认识到重要的是把他配备在空额上，而不是在雇用后才问他能做什么。在某一级别工作很好的员工并不一定适宜做高一级的工作。例如，一个厨师能够胜任烹调操作中的一切工作，但他不一定能当好厨师长。管理与纯技术工作是完全不同的两种工作。

（四）政策制度

政策制度是维护厨房生产秩序所必需的基本制度，既要保护大部分员工的正当权益，又要约束少数人员的不当行为。因此，制定适宜的政策制度对厨政管理是十分必要的。

第三节　中餐厨房菜品创新管理

一、菜品创新管理的意义

针对餐饮企业创新推出的菜肴点心，采取切实有效的方法与措施，以维持、巩固乃至提高新菜品的质量水平、经营效果和市场影响。新菜品面市后，随着时间的延续，会变成旧菜品、常规菜品，然而，这个过程越快，对创制新菜品的企业越不利。道理很明显，新菜品领先、新颖的优势还没有在很大程度上转换成企业效益就被市场淡忘、抛弃，研制、开发新菜的企业自然很不经济。强化创新菜品的后续管理就是要让新创菜品在餐饮企业的有效管理中延长生命、大放光彩。

创新菜品的后续管理无论从餐饮企业的经济效益上，还是塑造企业实力口碑上；也无论是从企业的近期经营上，还是企业经营长期潜在客源的发动上，都具有十分重要的实际意义。

①加强创新菜品的后续管理，是保护创新人员积极性的需要。不管企业采取何种策略和方式创新菜品，也不论研发新菜品的人员是企业技术骨干还是普通员工，投入精力参与创新的人员都希望自己的辛勤汗水不要白流，不要很快被遗忘。新菜品长期为消费者认可、为消费者推崇是对创新人员的鼓舞。新菜品经久不衰、广为流传更是对创新人员的认可。

②积极维护创新成果是节约企业创新（投入）成本的切实措施。餐饮企业研究、开发、制作、推广新菜品免不了要花费更多成本，增加更大的人力和物力投入，新菜品销售的时间越长、销售的市场越广，为企业创造的价值就越多、企业获得的回报就越大，单位新菜品所承担的开发费用就越小。因此，维护创新成果，强化创新菜品的后续管理是企业经济投入的可观的回报。

③加强创新菜品的后续管理是赢得消费者认可、创造餐饮企业持续经济效益和良好口碑的必要工作。只有当创新菜品获得消费者认可、取得市场影响以后，创新菜品才可能为餐饮企业创造良好的经济效益和社会效益。如果创新菜品还没

有为一定量的消费者认可就走了样、变了味，在新菜品销售不容乐观的同时，顾客对餐饮企业竭力宣传的所谓新菜也会无视，甚至嗤之以鼻，餐饮企业今后类似的创新推广活动同样会受到顾客的质疑。

二、菜品创新质量与销售管理

（一）创新菜品质量问题

创新菜品由于具有新意往往在列入菜单或作为特选经营时多有顾客提及，然而，当新菜用于餐饮企业内部招待后，其口感、样式常常会出现变化，甚至让食用者大失所望。创新菜品质量急剧下滑，使得消费者扫兴，承受名誉和经营最大损失的还是餐饮企业。而产生这种现象的原因是：新菜品刚推出时，受餐饮企业各方重视，制作人员盛誉难却，态度认真；各岗位人员出于对新品的好奇和新鲜感，在工作中都会予以支持，因此能保证出品质量很好。经过几天的生产经营，制作人员及各岗位人员的新鲜感减退，尤其是列入菜单常规生产、销售之后，各方面工作繁杂，无力精心呵护新品，菜品质量就会迅速下滑。

创新菜品质量管理水平的对策有如下几点：

1. 加强对员工的培训

在餐饮企业，服务部门培训频率高、时间长、内容丰富、系统，但对于厨师部门的培训相当较少。一些原料相关理论知识的学习和菜品的搭配技能只有经过理论指导和实际操作相结合的培训方式才能熟练掌握。这就需要厨师组织好一套完整的教学大纲，在厨师的培训上投入更多精力，合理安排时间和地点，并运用不同的方法，有针对性、有计划地进行培训，尽可能使全体厨师都能具备终身学习的意识，通过交流学习，让大家在工作中不断提高自己。同时通过对原料知识的培训，使员工对原料有一定的认知，以便对原料进行选择、加工、烹调，从而确保菜品的品质。通过以上方式，有利于确保所有厨师均能在具备一定水准的专业烹饪的情况下，持有专业厨师证件上岗，为提升餐饮企业菜品质量提供更多的可能性。

2. 严把原料关

对于不符合规定的原料不进行加工，对于加工后不符合要求的原料也不能进行烹饪。对不符合要求的原料进行全面清理，杜绝厨房存在一切不符合要求的原料。

（1）申购时厨师要把关

厨师应根据库存量、经营状况、储藏条件和发货时机，对原料规格、新鲜度等进行特殊说明。厨师长必须审核厨师的进货订单，严格控制食材的数量与品质，确保食材供应量和新鲜程度。

（2）供货商的选择

要严格检查供应商的资格证、营业执照等。在挑选供应商的时候，要找到两个供应商，重点从材料的质量、服务、价格等方面进行对比和筛选，从而选定供应商。与供应商签订的供应合同期限应该限制在一年以内。

（3）建立原料验收标准

餐饮企业要按照自己的需求，结合市场的实际，制定出一套严谨的原料验收程序和标准。同时还要对验收员进行严格的培训，以确保验收员能够明确判断原料是否合格。验收人员必须严格审核、不偏袒、讲诚信、具备大量的原料采购经验和知识，同时足够了解原料采购规格的详细情况，不合格的原料应全部退还给供应商，并在规定的时限内补齐合格产品。如果无法满足以上要求，供应商需支付相应的赔偿。

（4）原料的储存

针对采购后未使用完的合格原料要按照相关要求进行储存，并定期清理储藏场所和设备，保证其干净整洁。储存原料应按照品类进行存放，且应有清晰、形象的标志。该标识信息应包含货物批号、产品名称、数量以及使用人员等。员工在库存中按照先进先出顺序进行存货或是取货；处理后的半成品要用保鲜膜密封，放入冰箱或冷藏柜中，以避免产生异味；保鲜库、冷库等的气温均需要符合相关规定。

（5）强化原料品质的控制

为了全面提高餐饮企业的菜品整体质量，使顾客能够对菜品更加满意，还要强化对食材原料品质的控制，用于满足顾客对于菜品种类、口味等提出的更高要求。企业可考虑成立专业化的菜品原料品质控制工作小组，由该工作小组专门负责完成原料的采购任务，确保原料在采购期间的新鲜程度。还要保证采购来源的正规性、标准性，并与高品质的供应商之间形成优良的合作关系，同时关注时令果蔬的应季性，每日烹饪使用的原料同样要保证一定程度的新鲜性。在完成原料采购后，需要专业的工作人员及时开展抽检工作，若发现原料品质不佳、新鲜程度不够等问题，则应立即予以处理和整改，从根本上保证原料品质符合标准。

3. 制订菜品制作流程及标准

厨师在烹饪过程中会有很大的不确定性，每一位厨师烹饪的菜品各有千秋。一份菜品的好坏，取决于厨师烹饪时的情绪和心态，更取决于厨师的技术和心理素质。这就要求厨师部主管制订出菜品的烹饪规范，规范烹调程序、烹调方法、调味料种类和用量、火候要求、制作的时机和制作方式，并组织和安排培训，保证产品品质符合相关规定。经过培训后，员工能够严格遵守规范要求，能够最大限度降低或排除厨师的技术水平和心理调节的因素，从而保证菜品质量的一致性和稳定性。

4. 责任落实到个人

餐饮企业应将责任落实到个人，使每位工作人员明确自身责任，保证菜品质量。如果出现不符合标准的菜品，则应立即退回请厨师重新制作，并尽快将符合标准的菜品送至服务部门。服务人员除了要满足消费者合理要求外，还应对菜品进行简单的检查，确保为顾客供应优质菜品。通常来说，服务人员不应该把菜品放在操作台上，针对带火的菜品应先点火，然后再放在餐桌上，这样才能确保菜品的温度。如果菜品在餐桌上放得太久，菜品温度已不符合最佳食用温度时，应该征求顾客的意见，进行加热，避免因为温度过低而导致菜品的味道受到影响。其间还可以配合加设菜品投诉窗口，用于提高征求顾客意见工作开展的实效性，让顾客拥有更多反馈菜品意见的途径，尽快对目前菜品质量存在的问题加以反馈。为了确保投诉窗口的便捷性，企业可安排专人负责，将顾客的意见如实记录后，尽快反馈给厨师团队。

5. 推行 5S 管理

5S 是起源于日本的一种管理模式，即整理、整顿、清扫、清洁、素养，又被称为"五常法则"。由于 5S 在现场维护、安全生产、标准化、制度化、员工素质提高、育人和树立良好的形象等诸多领域得到了广泛的认可，更多的企业开始实施 5S 管理模式。

5S 管理能够保证菜品质量。质量是指顾客满意，符合标准，零缺陷。保证菜品的质量，就是让顾客对食物的满意度达到一定的要求，并且满足企业的各项要求。

5S 管理模式的推广，加强了餐饮工作人员的菜品质量管理意识。5S 管理模式不仅能够使工作人员意识到菜品质量的重要性，还能有效规范工作人员在工作中的不安全行为，同时了解异物会给顾客造成的伤害，增强防范异物的能力。通过强化工作人员的安全意识，以及对实际操作行为的考核，可以有效提升菜品质量。

（二）创新菜品销售管理

创新菜品刚刚步入市场，销售旺盛或销售冷淡不足以说明新菜品的成功与否。成功的新菜品刚入市的销售也应加以跟踪管理。

1.观察和统计新菜品的销售状况

观察和统计新菜品销售状况，以便积累数据、掌握第一手资料。

①同批新菜销售统计，以考察当次菜品创新总体效果。

②分别进行新菜品的单个品种销售统计，汇总不同菜品顾客点食次数的多少，即点击率统计，以发现不同菜品的受欢迎程度。

③食用率，即在消费者点要具体新菜品之后考察其食用情况。进行食用率统计，以发现客人对新菜品的真正喜欢和接受程度。

④回点率，即消费者当餐或下餐重复点食某菜品的比率。进行回点率统计，以发现客人对新菜品价格和欣赏价值（功用）比的取向。

2.统计销售态势

统计销售态势，分析其中原因，以谋求扩大经营。

（1）当销量高时

销售量高，即新菜品销售形势看好，要冷静进行下列情况分析：

①菜名是否哗众取宠，顾客因名点菜。

②服务员是否"强卖"，顾客在服务员的强大攻势下"就范"。

③菜单内菜品是否品种少、选择范围小，顾客出于无奈点了新菜。

（2）当销量低时

销售量低，即点食新菜品的消费者不多，新菜品销售形势不好，经营管理人员要作如下分析：

①新菜品是否在菜单里不显眼，难以被顾客发觉。

②餐厅服务人员是否主动向客人进行了推介（服务人员是否熟悉新菜品的特色等）。

③新菜品是否售价太贵、名称俗气（顾客难以接受）。

3. 融入菜单分析

经过统计分析，如果新菜品确实受到大多数顾客欢迎，则说明新菜品创新是成功的，应尽快将新菜品进行常规化生产运作管理，纳入菜单，与其他菜品一样，按照其生命周期规律，参与销售分析。

三、中餐厨房菜品创新管理研究

菜肴创新可以在烹饪原料、烹饪技法、菜品口味等方面进行尝试和探索。在菜肴创新实践过程中，可以仅就某一方面进行创新，也可将几个方面组合进行创新，这样制作的菜肴新意将更加突出、明显。菜肴创新常采用的方法主要有原材料拓新、技法试新、口味翻新、组合出新等。

（一）原材料拓新

烹饪原材料泛指人们通过烹饪工艺等活动制作菜肴、点心、小吃等可食性材料。随着社会经济的发展，新烹饪原材料的出现可以带出一批新的菜肴。原材料拓新，即通过安全可靠的渠道获取、开发新的原材料，并将其制作成具有新意的菜肴、点心。比如"凤爪""泡猪耳"等菜肴。

（二）技法试新

烹调是综合运用各种技术手段和相应的技术设备，将烹调原料加工成可供直接食用的菜肴，以满足人们在饮食消费方面物质和精神的享受，具有一定艺术性的技术科学。

（三）口味翻新

单一味型的菜肴非常少见，复合味型的菜肴大可开发。通常可以采取以下几种思路：

①西味中烹。将西餐烹饪的调味料、调味汁或调味方法用于烹制中菜，如沙律海鲜卷、千岛石榴虾等。

②果味菜烹。将水果、果汁用于菜肴调味，如椰汁鸡、菠萝饭、橙味瓜条等。

③旧味新烹。将已经流行过、近年被人们少用的调料或味型重新烹制新菜肴，如辣酱油烹鸡翅、麻虾炖蛋、豆酱炒洞虾等。

④力创新味，积极尝试、稳妥推进，用新近出现的调料烹制传统原料，从而推出新颖菜品，如黑椒炒鳝花、XO酱西芹炒鸡柳等。

（四）组合出新

装盘方法与盛器和菜肴的组合调整，同样可以制作出新视觉、新质感的菜肴。具体技巧有以下几种：

1. 器皿多变

如用竹器、木器、铁板等盛装菜肴，尤其是此类器皿出现在同一餐桌上，会给顾客以丰富多彩、耳目一新的感觉。

2. 盘饰多变

既可用花卉、可生食原料点缀菜点，也可用刀切花、食材雕刻品衬托菜点，还可以用巧克力、果酱等艺术画盘盛装菜点。

3. 组合多变

即将冷菜、热菜的组合进行整分结合、区别调整的创新策略。有和食（一桌人共取一盘菜），有分餐（每人一份菜）；有成肴（用筷、勺取之即可食），有组合成肴（需要客人或餐厅服务员将两种或两种以上食物取出组合，才能食用）。

第四节　中餐厨房生产线创新管理

一、创新管理精神

美国哈佛商学院教授特利莎·艾美比尔认为创新要有精神支持，这就是"热爱自己的工作、掌握必要的知识、拥有创造性思维技巧"。其实，这些创新精神可以理解为创新的三个基本要素，也就是作为餐饮企业创新主体的员工和技术骨干必须具备的知识、素质条件。

（一）热爱自己的工作

餐饮企业的技术骨干、员工、厨房生产人员要热爱本职工作，以不断改进、做好本职工作为己任，才有可能关注工作岗位，留心身边发生的事，联想可能提高出品质量和工作效率的方法和技巧；热爱自己的工作，把工作当作事业做，为自己的进步而欢欣，为自己的成长而兴奋，为自己能帮助同仁及企业进步、发展而倍感鼓舞。这是创新最活跃、最可贵的生产力。

（二）掌握必要的知识

知识需要通过学习获得，知识不仅可以活跃思维、开阔思路，而且能够使人发现、获得更多资源，避免走弯路。广博的知识、新的知识，有赖于搜集和积累。知识储备聚积到一定量的时候，运用就变得水到渠成，轻而易举。厨师如果有深厚的积淀，一旦遇到有助工作、启发做菜的智慧火花，便会产生创新的动机、创新的做法。

（三）拥有创造性思维的技巧

热爱自己的工作是员工职业操守、劳动态度的表现；掌握必要的知识是员工做好本职工作，拥有广泛信息资源的体现。两者有机结合，获得新的启发，产生新的理念，诞生新的产品，还有赖于创造性的思维技巧。如果思维僵化，落入俗套，形成定式，固步自封，就很难有新品出现；如果思维活跃、思路敏捷，敢于进取，挑战陈规，勇于否定，乐于尝试，新品就定会源源而生。

二、厨房生产流程的管理

一个合格的厨房产品是经过很多复杂的工艺环节生产出来的。厨房产品的生产工艺流程是各个工序、工种、工艺的密切配合。厨房生产流程主要包括加工、配份、烹调三大阶段，点心、冷菜是相对独立的两大生产环节。针对厨房生产流程不同阶段的特点，厨政管理者应明确制定操作标准，规定操作程序，健全相应制度，及时灵活地对生产中出现的各类问题加以协调督导，这是厨政管理的主要工作。

（一）加工阶段的管理

加工阶段包括原材料的初加工和后加工。这一阶段的工作是整个厨房生产制作的基础，加工质量和数量是影响厨房产品质量和制作成本的关键。管理的重点是控制各种原材料的加工指标，要把它作为加工厨师工作职责的一部分，尤其要把成本较高的贵重原材料的加工作为检查控制的重点。

具体措施是要求对原材料和成品分别进行计量并记录，随时抽查，看是否达标，未达标时要查明原因，如果因技术问题造成未达标，也要采取有效的改正措施。另外，控制中可经常检查下脚料和垃圾桶，检查是否还有可用部分未被利用，使员工对净出率高度重视。加工质量是直接关系菜肴色、香、味、形的关键，因此要严格控制原材料的成形规格、原材料的卫生安全程度，凡不符合要求的不能进入下一道工序，可重新处理另作别用。加工任务的分工要细，一方面利于分清责任；另一方面可以提高厨师的专项技术的熟练程度，有效地保证加工质量。能使用机械切割的尽量加以利用，以保证成形规格的标准化。加工数量应以销售预测为依据，满足需要为前提，留有适量的储存周转量，避免加工过量而造成质量问题，并根据剩余量不断调整每次的加工量。

（二）配份阶段的管理

配份控制要经常核实配份中是否执行了规格标准，是否使用了称量、计数和计量等控制工具，即使最熟练的配菜厨师，不进行称量也是很难做到精确。通常的做法是每配 2~3 份称量一次，如果配制的份量是合格的，就可接着配制；如果发觉配量不准，那么后续每份都要称量，直至合格为止。配份控制的另一个关键是凭单配发，配菜厨师只有接到餐厅客人的订单，或者规定的有关正式通知单才可配制，保证配制的每份菜肴都有凭据。另外，要严格杜绝配制中的失误，如重复、遗漏、错配等，使失误降到最低限度。这里查核凭单是控制的一种有效方法。

三、中餐厨房生产线创新管理研究

（一）推行 TCS 战略

TCS 战略是英文 "total customer satisfaction" 的缩略语，译成中文为 "顾客

全面满意"，是由顾客满意战略（CS）发展而来。顾客全面满意战略是顾客满意战略理论的新发展，是企业提高竞争能力、增强长期获利能力的重要法宝。

巴莱多定律表明，餐饮企业80%的销售额来自于20%的忠诚顾客。因此，顾客满意战略的要旨，就是通过向顾客提供超越期望的产品和服务，使顾客获得最大限度的满意，提高顾客的忠诚度，培植企业的长期性忠诚顾客。餐饮业是典型的传统服务业，为顾客提供的不只是果腹、饱肚的食品饮料，还有愉快的用餐经历和体验。愉快的用餐经历是通过美味佳肴、舒适的进餐环境和优良的服务来综合实现的。

要让"顾客全面满意"，就必须做到"为顾客而管理"。餐饮业在制订经营与发展计划时，除了考虑企业自身的需要外，还必须把顾客需要作为第一要素来考虑。厨房作为餐饮业的一个核心主体，厨政管理的实施当然要围绕餐饮业经营目标和企业发展的战略目标来制定。同时，厨政管理者在做决定时，永远不能忽视顾客，要经常从顾客的角度来考虑经营活动。

厨政管理者必须为顾客为核心进行管理。美国餐饮专家杰克·尼内迈耶将餐饮经理称为顾客的"建筑者"，同时也是管理者。厨政管理者必须既注意顾客，又注意"赢利"。如果厨政管理者作出的决定能反映顾客的愿望和需求，那么可能发生的问题会较少。为顾客而进行管理，会增加作出正确决定的可能性；只为了利润而进行管理，则会影响企业的正常发展。

厨政管理者关心顾客，还应把殷勤好客的经营理念传递给厨房全体员工。餐饮行业是一个地道的"人的行业"，厨政管理者必须制定一套办法，使顾客满意。训练并敦促员工努力做到优质加工生产，充分保证菜点质量，同时确保顾客和企业双方受益。厨政管理者与员工的服务意识和热诚程度，将决定着餐饮企业的成败。

此外，厨政管理者还必须关心特殊顾客，不能只满足于大量的生产和大众化菜点。有时，有的人需要作为特殊或个别来被对待。因此，餐饮企业经营菜点时要在"按规格标准定制"的原则上尽量满足特殊顾客的要求和需要，给予他们特殊的关心，以塑造企业"以人为本"的亲和形象。

（二）需要管理到位

厨政管理到位是指厨政管理者通过有效的管理手段，实现餐饮企业经营目标和厨房工作任务。落实厨政管理绩效指标，要求厨政管理者明确厨政管理制度，并严格遵循厨政管理制度维系厨房员工关系。权利、知识、能力、品德和情感是构成厨政管理者和员工的管理能力的关键因素。在现代餐饮企业经营管理过程中，管理到位是衡量厨政管理工作的重要指标。

管理到位有管理者的权威问题，也有被管理者对管理者的认同问题，还有管理体制的制约问题。这不是单方面通过管理者个人的意愿就能决定的，而是通过群体的相互作用、机构的高效运转、员工积极性的充分发挥以及凝聚力的增强来达到的。

1. 实现餐饮企业交给的目标、任务是管理到位的最终结果。在厨房管理过程中，厨政管理者会面临各种难题：餐饮市场的激烈竞争、设备的老化、资金的不足、员工的抱怨、部门的矛盾、顾客的投诉等。因此，在困难和问题面前是被动等待，还是主动想办法去解决，这是管理者工作态度的不同表现。说得再多，问题没有解决，工作目标和任务没有实现，都不能说是管理到位。

2. 发现问题和解决问题是管理到位的两个关键能力体现。一个好的厨政管理者应通过多种途径，随时了解厨房员工的动态，知道厨房发生了什么事情，并能帮助员工、指导员工去解决问题。解决问题一要公正、客观；二要及时，不要拖延，应加强时间观念；三要严格管理，对事不对人。

3. 调动员工的积极性是管理到位的重要手段。管理到位是全员参与的过程，只有将全体厨房员工的积极性调动起来，有了共同的意愿，从利益共同变为命运共同，员工才会爱厨房、爱企业，并愿为之付出努力，这样的管理才是到位的管理。

4. 严格执行已建立的管理规章和工作程序标准是管理到位的保证。在执行管理规章制度的过程中，可能会出现这样或那样的违规情况。厨政管理者必须做到秉公无私地对违规员工及时处理，以维护管理制度的严肃性，否则，管理制度只是一张废纸而已，程序标准也只是空谈。

参考文献

[1] 张运朝，王红锦．食品质量管理中的安全风险管理分析 [J]．食品界，2022（10）：129-131.

[2] 冯西龙．企业产品质量管理内部控制体系优化策略分析 [J]．商讯，2022（17）：108-111.

[3] 曹婕．新时代职业道德教育内涵的界定与启示 [J]．职业，2022（06）：81-83.

[4] 陈永芳．餐饮企业厨房精细化管理研究 [J]．食品安全导刊，2022（01）：153-155.

[5] 张叶．企业人力资源绩效管理体系的构建 [J]．中国外资，2021（22）：136-137.

[6] 马丝雨．企业绩效管理体系的优化研究 [D]．上海：华东师范大学，2021.

[7] 卜丽涛．食品质量管理重要性及策略研究 [J]．食品安全导刊，2021（24）：6-7.

[8] 陶德强．大学生食品职业道德塑造的优化路径 [J]．山东农业工程学院学报，2021，38（07）：99-103.

[9] 石自彬，周世中，代应林．原创菜品研究、保护及市场应用推广 [J]．南宁职业技术学院学报，2021，29（03）：60-65.

[10] 封梨梨．基于体验视角的餐饮消费行为意向探讨 [J]．商业经济研究，2020（12）：55-59.

[11] 黄佳．中小型食品企业生产成本的控制研究 [J]．财经界，2020（07）：85-86.

[12] 迭海滨．关于中式菜品制作与创新中热菜造型的分析 [J]．现代食品，2017（23）：70-71.

[13] 黄丽红．现代餐饮营销管理六策 [J]．企业改革与管理，2017（23）：101.

[14] 费寅．浅议餐饮营销手段 [J]．黑龙江科技信息，2017（11）：297.

[15] 黄忠 . 中式菜品制作与创新中的热菜造型研究 [J]. 现代食品，2016（24）：15-17.

[16] 胡均力 . 现代厨房管理理念的转变与思考 [J]. 中小企业管理与科技（上旬刊），2016（09）：34-35.

[17] 喻永波 . 现代化酒店厨政管理之我见 [J]. 商，2016（21）；27.

[18] 徐敏 . 强化营销宣传要突出"四个着力点" [N]. 人民铁道，2016-05-27（A02）.

[19] 徐向波，田俊才 . 餐饮服务行业厨房管理问题分析与对策思考 [J]. 晋城职业技术学院学报，2016，9（02）：19-22.

[20] 丁玉平 . 餐饮营销策略 [J]. 合作经济与科技，2015（22）：133.

[21] 顾伟强，张延波，毛轶慧，张桂芳，陈栋，汪天旭，胡晓蕾 . 食品安全与操作规范 [M]. 重庆大学出版社：中等职业教育中餐烹饪与营养膳食专业系列教材，2015（09）：184.

[22] 刘志祥 . 刍议餐饮企业厨房管理中存在的问题及解决对策 [J]. 才智，2015（20）：341.

[23] 王锐 . 浅谈饭店餐饮卫生安全 [J]. 中国保健营养，2012，22(20)：48-49.

[24] 王梁 . 非理性餐饮消费行为分析 [J]. 现代商贸工业，2012，24（22）：64-65.

[25] 王政 . 人员管理是现代厨房管理的第一要素 [J]. 人力资源管理，2010（04）：33-34.

[26] 胡静，袁金明，唐贝 . 饭店企业餐饮食品卫生安全管理浅析 [J]. 中国集体经济，2008（Z1）：62-63.

[27] 邵万宽 . 现代厨房管理理念的转变与思考 [J]. 美食，2005（04）：14-15.

[28] 邵万宽 . 现代厨房管理理念的转变与思考 [J]. 扬州大学烹饪学报，2005（01）：50-52.

[29] 朱魁东 . 厨房管理和厨师长 [J]. 四川烹饪，2003（03）：12-13.

[30] 陈苏华 . 现代中餐厨房管理模式探讨 [J]. 常熟高专学报，2002（04）：110-112.